CIRCUITOS DIGITAIS

FUNDAMENTOS, APLICAÇÕES E INOVAÇÕES

LUIZ RICARDO MANTOVANI DA SILVA

CIRCUITOS DIGITAIS

FUNDAMENTOS, APLICAÇÕES E INOVAÇÕES

Freitas Bastos Editora

Copyright © 2024 by Luiz Ricardo Mantovani da Silva

Todos os direitos reservados e protegidos pela Lei 9.610, de 19.2.1998.
É proibida a reprodução total ou parcial, por quaisquer meios, bem como a produção de apostilas, sem autorização prévia, por escrito, da Editora.
Direitos exclusivos da edição e distribuição em língua portuguesa:
Maria Augusta Delgado Livraria, Distribuidora e Editora

Direção Editorial: Isaac D. Abulafia
Gerência Editorial: Marisol Soto
Diagramação e Capa: Madalena Araújo

Dados Internacionais de Catalogação na Publicação (CIP) de acordo com ISBD

S586c	Silva, Luiz Ricardo Mantovani da
	Circuitos Digitais: fundamentos, aplicações e inovações / Luiz Ricardo Mantovani da Silva. - Rio de Janeiro, RJ : Freitas Bastos, 2023.
	252 p. : 15,5cm x 23cm.
	ISBN: 978-65-5675-360-7
	1. Tecnologia. 2. Circuitos digitais. I. Título.
2023-3598	CDD 600
	CDU 6

Elaborado por Odilio Hilario Moreira Junior - CRB-8/9949

Índice para catálogo sistemático:
1. Tecnologia 600
2. Tecnologia 6

Freitas Bastos Editora
atendimento@freitasbastos.com
www.freitasbastos.com

SUMÁRIO

CAPÍTULO 1:
INTRODUÇÃO 11
1.1 Origem dos Circuitos Digitais 11
1.2 Vantagens dos Circuitos Digitais 13
1.3 Aplicações dos Circuitos Digitais 14
1.4 Desafios Futuros 16
1.5 Conclusão 16

CAPÍTULO 2:
SISTEMAS NUMÉRICOS E OPERAÇÕES ARITMÉTICAS 19
2.1 Sistema Decimal 19
2.2 Sistema Binário 21
2.3 Sistema Hexadecimal 24
2.4 Sistema Octal 28

CAPÍTULO 3:
ARITMÉTICA DIGITAL 33
3.1 Introdução 33
3.2 Operações Básicas 34
3.3 Representação de Números Negativos 36
3.4 Overflow e Underflow 38
3.5 Conclusão 39

CAPÍTULO 4:
HISTÓRIA DA LÓGICA 41
4.1 Origens Filosóficas da Lógica 41
4.2 Lógica na Idade Média 43
4.3 Lógica Moderna 44
4.4 Lógica e Computação 45

CAPÍTULO 5:
ÁLGEBRA BOOLEANA E PORTAS LÓGICAS ... 49
- 5.1 Introdução à Álgebra Booleana ... 49
- 5.2 Portas Lógicas ... 51
- 5.3 Aplicações Práticas ... 56
- 5.4 Conclusão ... 61

CAPÍTULO 6:
CIRCUITOS COMBINACIONAIS ... 63
- 6.1 Introdução ... 63
- 6.2 Correspondência de Circuitos ... 63
- 6.3 Equivalência de Circuitos ... 64
- 6.4 Simplificação de Expressões Booleanas ... 66
- 6.5 Mintermos e Maxtermos ... 68
- 6.6 Simplificação por Mapas de Veitch-Karnaugh ... 69
- 6.7 Circuitos Combinacionais Dedicados ... 76
- 6.8 Clocks em Circuitos Digitais ... 92
- 6.9 Circuitos Sequenciais (Flip-Flops) ... 94

CAPÍTULO 7:
CONTADORES, REGISTRADORES E MÁQUINAS DE ESTADO (MOORE E MEALY) ... 103
- 7.1 Introdução ... 103
- 7.2 Contadores ... 103
- 7.3 Registradores ... 110
- 7.4 Máquinas de Estado ... 117
- 7.5 Conclusão ... 119

CAPÍTULO 8:
DISPOSITIVOS DE MEMÓRIA ... 121
- 8.1 Definição ... 121
- 8.2 Tipos de Memória ... 121
- 8.3 Hierarquia de Memória ... 126
- 8.4 Tecnologias de Armazenamento ... 128
- 8.5 Considerações Finais ... 129

CAPÍTULO 9:
CONVERSÃO ANALÓGICO-DIGITAL E DIGITAL-ANALÓGICO 131

- 9.1 Introdução 131
- 9.2 Conversão Analógico-Digital (A/D) 131
- 9.3 Conversão Digital-Analógico (D/A) 137
- 9.4 Aplicações Práticas de Conversores A/D e D/A 141
- 9.5 Desafios e Considerações na Conversão de Sinais 143
- 9.6 Conclusão 146

CAPÍTULO 10:
ARQUITETURA DE COMPUTADORES E MICROPROCESSADORES 147

- 10.1 Introdução 147
- 10.2 Conceitos Básicos de Arquitetura de Computadores 147
- 10.3 Microprocessadores 150
- 10.4 Arquiteturas RISC e CISC 152
- 10.5 Multicore e Paralelismo 154
- 10.6 Tendências Futuras em Arquitetura de Computadores 155
- 10.7 Conclusão 155

CAPÍTULO 11:
LINGUAGENS DE DESCRIÇÃO DE HARDWARE (HDLS) 157

- 11.1 Introdução 157
- 11.2 Breve Histórico das HDLs 157
- 11.3 Verilog 160
- 11.4 Conclusão 162

CAPÍTULO 12:
PROJETO E OTIMIZAÇÃO DE SISTEMAS DIGITAIS 163

- 12.1 Introdução 163
- 12.2 Fundamentos do Projeto Digital 163
- 12.3 Métodos de Otimização 165
- 12.4 Técnicas Avançadas de Projeto 167

CAPÍTULO 13:
TESTE E DEPURAÇÃO DE CIRCUITOS DIGITAIS 171

13.1 Fundamentos do Teste de Circuitos 171
13.2 Técnicas de Teste 173
13.3 Depuração e Ferramentas de Diagnóstico 175
13.4 Desafios e Tendências Futuras 177
13.5 Conclusão 179

CAPÍTULO 14:
CONSIDERAÇÕES DE DESEMPENHO E OTIMIZAÇÃO 181

14.1 Introdução 181
14.2 Avaliando o Desempenho 181
14.3 Técnicas de Otimização de Desempenho 184
14.4 Desafios na Otimização 186
14.5 Tendências Futuras em Otimização e Desempenho 188
14.6 Conclusão 190

CAPÍTULO 15:
LÓGICA FUZZY 191

15.1 Introdução 191
15.2 Fundamentos da Lógica Fuzzy 191
15.3 Sistemas Baseados em Lógica Fuzzy 193
15.4 Vantagens e Desafios da Lógica Fuzzy 195
15.5 Tendências Futuras e Implicações 197
15.6 Conclusão 198

CAPÍTULO 16:
LÓGICA QUÂNTICA 199

16.1 Introdução 199
16.2 Fundamentos da Lógica Quântica 199
16.3 Sistemas de Computação Quântica 201
16.4 Implicações Filosóficas e Práticas 203
16.5 Tendências Futuras e Desenvolvimentos 205
16.6 Conclusão 207

CAPÍTULO 17:

CIRCUITOS INTEGRADOS DE APLICAÇÃO ESPECÍFICA (ASICS) 209

- 17.1 Introdução 209
- 17.2 Fundamentos dos ASICs 209
- 17.3 Vantagens e Desafios 212
- 17.4 Processo de Design e Fabricação 214
- 17.5 Aplicações e Tendências Futuras 216
- 17.6 Conclusão 218

CAPÍTULO 18:

CIRCUITOS LÓGICOS PROGRAMÁVEIS EM CAMPO (FPGAS) 219

- 18.1 Introdução 219
- 18.2 Fundamentos dos FPGAs 219
- 18.3 Vantagens e Desafios dos FPGAs 221
- 18.4 Aplicações dos FPGAs 223
- 18.5 Inovações e Tendências Futuras 225
- 18.6 Conclusão 227

CAPÍTULO 19:

TTL E MOS 229

- 19.1 Introdução 229
- 19.2 Fundamentos da Lógica TTL 229
- 19.3 Fundamentos da Tecnologia MOS 231
- 19.4 Comparação entre TTL e MOS 233
- 19.5 Aplicações e Contexto Histórico 235
- 19.6 Conclusão 237

CAPÍTULO 20:

APLICAÇÕES PRÁTICAS E ESTUDOS DE CASO DE CIRCUITOS DIGITAIS 239

- 20.1 Introdução 239
- 20.2 Aplicações Cotidianas 239
- 20.3 Aplicações Industriais e Comerciais 241

20.4 Estudos de Caso 243
20.5 Desafios e Considerações Éticas 245
20.6 Conclusão 248

BIBLIOGRAFIA

CAPÍTULO 1:
INTRODUÇÃO

A evolução da tecnologia tem sido marcada por avanços significativos em diversas áreas, e uma das mais impactantes é a dos circuitos digitais. Esta introdução busca contextualizar o leitor sobre a importância e os fundamentos dos circuitos digitais, preparando-o para os tópicos subsequentes deste livro.

Os circuitos digitais são a base de quase todos os dispositivos eletrônicos que usamos hoje, desde *smartphones* e computadores até carros e eletrodomésticos. Eles diferem dos circuitos analógicos em que processam sinais discretos, geralmente representados por níveis de tensão alta (1) e baixa (0), em vez de sinais contínuos.

1.1 ORIGEM DOS CIRCUITOS DIGITAIS

A evolução da eletrônica e da tecnologia da informação foi profundamente influenciada pela invenção do transistor na década de 1940. Esta inovação, que substituiu os volumosos e ineficientes tubos de vácuo, marcou o início da era digital, transformando radicalmente a paisagem tecnológica (SMITH, 2001).

Antes da invenção do transistor, a eletrônica era dominada por circuitos analógicos, que operavam com sinais contínuos e eram construídos principalmente usando tubos de vácuo. Estes componentes, embora revolucionários em sua época, apresentavam várias limitações. Eram grandes, consumiam muita energia, produziam muito calor e tinham uma vida útil relativamente curta (JOHNSON, 1998). A necessidade de dispositivos mais compactos, eficientes e confiáveis levou os pesquisadores a buscar alternativas.

O transistor, uma invenção conjunta de John Bardeen, Walter Brattain e William Shockley no Bell Labs, provou ser a solução tão esperada para esses desafios (BROWN & VRANESIC, 2008). Ao contrário dos tubos de vácuo, os transistores são semicondutores que podem amplificar ou comutar sinais eletrônicos e energia elétrica. Eles são a unidade fundamental dos circuitos digitais modernos e são a razão pela qual os dispositivos eletrônicos tornaram-se tão pequenos, poderosos e acessíveis.

Com a introdução do transistor, a miniaturização dos componentes eletrônicos tornou-se possível. Isso levou ao desenvolvimento de circuitos integrados, onde milhares, e eventualmente milhões, de transistores poderiam ser incorporados em um único chip de silício. Esta revolução na integração de componentes permitiu o surgimento de computadores pessoais, *smartphones*, *tablets* e uma miríade de outros dispositivos digitais que permeiam nossa vida cotidiana (SMITH, 2001).

Além disso, a transição para a eletrônica digital abriu caminho para avanços em áreas como comunicações, medicina, entretenimento e transporte. A capacidade de processar e armazenar grandes volumes de dados de forma rápida e eficiente tornou possível a era da informação em que vivemos hoje.

Em conclusão, a invenção do transistor foi um marco na história da tecnologia. Ele não apenas substituiu os tubos de vácuo em aplicações eletrônicas, mas também lançou as bases para a revolução digital que transformou todos os aspectos de nossa sociedade. À medida que continuamos a avançar na era digital, é essencial reconhecer e apreciar as inovações que tornaram tudo isso possível.

1.2 VANTAGENS DOS CIRCUITOS DIGITAIS

A revolução digital, impulsionada em grande parte pelo advento dos circuitos digitais, trouxe consigo uma série de benefícios que transformaram a maneira como interagimos com a tecnologia e moldaram a paisagem moderna da eletrônica. Ao comparar circuitos digitais com seus predecessores analógicos, torna-se evidente porque a digitalização se tornou a norma em quase todos os aspectos da eletrônica moderna. Aqui, exploramos em detalhes as vantagens inerentes aos circuitos digitais:

a. **Precisão e Confiabilidade:** Uma das maiores vantagens dos circuitos digitais é sua robustez em relação a perturbações externas, como ruídos e interferências. Em sistemas analógicos, um pequeno ruído pode causar uma variação significativa no sinal, o que pode levar a erros de interpretação. Em contraste, os circuitos digitais operam com sinais discretos, geralmente representados por dois níveis de tensão: alto (1) e baixo (0). Isso significa que, a menos que o ruído seja extremamente forte, ele não alterará a interpretação do sinal digital. Como resultado, os sistemas digitais são notavelmente mais precisos e confiáveis, tornando-os ideais para aplicações críticas, como comunicações, medicina e aviação (Turner, 2010).

b. **Flexibilidade:** A natureza programável dos circuitos digitais os torna incrivelmente versáteis. Enquanto os circuitos analógicos são geralmente projetados para uma função específica e qualquer alteração requer uma reconfiguração física do circuito, os circuitos digitais podem ser facilmente reprogramados para realizar diferentes tarefas. Isso é evidente em dispositivos como microcontroladores e FPGAs (*Field-Programmable Gate*

Arrays), que podem ser reconfigurados para executar uma variedade de funções dependendo das necessidades do usuário (WILLIAMS, 2015). Essa flexibilidade permite que os designers criem sistemas adaptáveis que podem evoluir com as demandas em constante mudança do mundo moderno.

c. **Escala:** A miniaturização tem sido uma tendência dominante na eletrônica nas últimas décadas. Com a invenção do transistor e subsequentes avanços na tecnologia de fabricação, foi possível integrar milhões, e até bilhões, de transistores em um único chip. Isso levou ao fenômeno conhecido como "Lei de Moore", que observa que o número de transistores em um chip dobraria aproximadamente a cada dois anos, levando a um aumento exponencial no poder de processamento (MOORE, 1965). Esta capacidade de escalar permitiu a criação de dispositivos incrivelmente poderosos, desde supercomputadores até *smartphones*, todos operando com circuitos digitais.

Em conclusão, os circuitos digitais oferecem uma série de vantagens que os tornam superiores aos seus equivalentes analógicos em muitos aspectos. Seja em termos de precisão, flexibilidade ou escala, a eletrônica digital provou ser uma força transformadora na tecnologia moderna.

1.3 APLICAÇÕES DOS CIRCUITOS DIGITAIS

A revolução digital, impulsionada em grande parte pela evolução dos circuitos digitais, transformou o mundo de maneiras que eram inimagináveis há algumas décadas. A capacidade de processar informações de forma rápida e precisa permitiu o desenvolvimento de uma ampla gama de dispositivos e sistemas que agora são fundamentais para nosso cotidiano. Vamos explorar algumas das aplicações mais proeminentes dos circuitos digitais:

- **Computadores e Dispositivos de Processamento:** Os circuitos digitais são o coração de todos os computadores modernos, desde supercomputadores que realizam cálculos complexos até *laptops* e *desktops* usados para tarefas diárias. Eles permitem o processamento de dados, a execução de softwares e a realização de operações aritméticas e lógicas que sustentam a computação.
- **Comunicação Móvel:** Telefones celulares e *smartphones* dependem fortemente de circuitos digitais. Eles facilitam não apenas a comunicação de voz, mas também a transmissão de dados, permitindo que naveguemos na internet, enviemos mensagens e realizemos videochamadas.
- **Automóveis Modernos:** Os carros de hoje são equipados com uma série de sistemas eletrônicos controlados por circuitos digitais. Estes sistemas auxiliam em funções como navegação, controle de cruzeiro adaptativo, diagnóstico de falhas e sistemas de entretenimento.
- **Eletrodomésticos Inteligentes:** Refrigeradores, fornos, máquinas de lavar e muitos outros aparelhos agora vêm com microcontroladores embutidos que oferecem funcionalidades avançadas, como controle remoto, diagnóstico e conectividade à internet.
- **Sistemas de Segurança:** Câmeras de vigilância, alarmes e sistemas de controle de acesso utilizam circuitos digitais para monitorar, detectar e responder a ameaças potenciais.

- **Entretenimento:** Televisores, sistemas de *home theater*, consoles de jogos e muitos outros dispositivos de entretenimento dependem de circuitos digitais para processar áudio e vídeo, proporcionando uma experiência imersiva ao usuário.

- **Saúde e Medicina:** Equipamentos médicos, como máquinas de ressonância magnética, monitores cardíacos e bombas de insulina, utilizam circuitos digitais para monitorar, diagnosticar e tratar pacientes.

Em resumo, os circuitos digitais desempenham um papel crucial em moldar o mundo moderno, facilitando avanços em diversas áreas e melhorando a qualidade de vida das pessoas. Seja no trabalho, em casa ou em movimento, é quase certo que estamos interagindo com algum dispositivo alimentado por circuitos digitais.

1.4 DESAFIOS FUTUROS

Apesar de suas muitas vantagens, os circuitos digitais também enfrentam desafios. À medida que os componentes continuam a ser miniaturizados, questões como dissipação de calor e limitações quânticas tornam-se preocupações significativas. Além disso, a crescente demanda por dispositivos mais eficientes em termos de energia requer inovações constantes na área de circuitos digitais.

1.5 CONCLUSÃO

Esta introdução forneceu uma visão geral dos circuitos digitais, destacando sua importância, vantagens e desafios. Nos capítulos subsequentes, exploraremos em detalhes os conceitos, teorias e aplicações dos circuitos digitais. Seja você um estudante, um profissional ou apenas um entusiasta, esperamos que este livro ofereça *insights* valiosos e amplie seu entendimento sobre este fascinante mundo dos circuitos digitais.

CAPÍTULO 2:
SISTEMAS NUMÉRICOS E OPERAÇÕES ARITMÉTICAS

Os sistemas numéricos são conjuntos de símbolos e regras que nos permitem representar e manipular quantidades. Embora o sistema decimal, baseado em 10 símbolos (0 a 9), seja o mais comum em nosso cotidiano, a computação digital depende de outros sistemas numéricos, como o binário, octal e hexadecimal. Este capítulo explora esses sistemas e as operações aritméticas associadas a eles.

2.1 SISTEMA DECIMAL

Origem e História: O sistema decimal, também conhecido como sistema de base 10, é o padrão usado na maioria das culturas ao redor do mundo. Sua origem está ligada, em grande parte, à contagem manual, uma vez que temos dez dedos nas mãos. Civilizações antigas, como os egípcios e os romanos, já utilizavam sistemas que se assemelhavam ao decimal, embora com notações diferentes.

2.1.1 Definição

O sistema decimal é composto por dez símbolos: 0, 1, 2, 3, 4, 5, 6, 7, 8 e 9. Cada posição em um número decimal representa uma potência de 10. Por exemplo, o número 345 é composto por 3 centenas, 4 dezenas e 5 unidades, que matematicamente é representado como:

$$3 \times (10^2) + 4 \times (10^1) + 5 \times (10^0)$$

2.1.2 Operações Matemáticas

Adição e Subtração: Uma das formas mais visuais de ensinar adição e subtração no sistema decimal é usando o método das retas. Por exemplo, para somar 58 e 37, você alinharia os números verticalmente e somaria coluna por coluna, começando pela direita (unidades). Se a soma de uma coluna for 10 ou mais, você "carrega" o valor excedente para a próxima coluna à esquerda.

$$\begin{array}{r} 5\ 8 \\ +\ 3\ 7 \\ \hline 9\ 5 \end{array}$$

Multiplicação e Divisão: Estas operações são um pouco mais complexas e envolvem múltiplos passos. A multiplicação, por exemplo, envolve multiplicar cada dígito do multiplicando por cada dígito do multiplicador e somar os resultados. A divisão é um processo iterativo de subtrair o divisor do dividendo e contar quantas vezes isso pode ser feito.

2.1.3 Vantagens do Sistema Decimal

O sistema decimal é intuitivo e universalmente aceito, tornando-o ideal para comércio, educação e ciência. Sua base 10 é facilmente divisível e multiplicável, o que facilita cálculos rápidos e estimativas.

Em resumo, o sistema decimal é a pedra angular da nossa compreensão matemática. Ele fornece uma base sólida sobre a qual construímos conceitos mais avançados, como álgebra, trigonometria e cálculo. A familiaridade com o sistema decimal é essencial para a vida diária, desde operações bancárias até culinária e construção.

2.2 SISTEMA BINÁRIO

2.2.1 Definição

O sistema binário, também conhecido como base-2, é fundamental para a computação digital. Diferentemente do sistema decimal que estamos acostumados no dia a dia, que utiliza dez símbolos (0 a 9), o sistema binário é composto por apenas dois símbolos: 0 e 1. Essa simplicidade é o que torna o sistema binário tão eficaz para dispositivos eletrônicos, já que pode representar estados de ligado (1) e desligado (0), ou alto e baixo, em circuitos.

2.2.2 Conversão

Em um número binário, cada posição ou bit (contração de *"binary digit"*) representa uma potência de 2. Começando da direita, a primeira posição representa 2^0 (ou 1), a segunda representa 2^1 (ou 2), a terceira 2^2 (ou 4), e assim por diante. Por exemplo, o número binário 1101 pode ser interpretado como $1(2^3)+1(2^2)+0(2^1)+1(2^0)$, que é igual a 13 no sistema decimal.

2.2.3 Operações Aritméticas no Sistema Binário

Introdução:

No sistema binário, assim como no sistema decimal, podemos realizar operações aritméticas básicas. No entanto, as regras e métodos para essas operações são distintos devido à natureza binária do sistema. Vamos explorar cada uma dessas operações em detalhes.

Adição Binária:

A adição é a operação aritmética mais simples no sistema binário. As regras são as seguintes:

0 + 0 = 0
0 + 1 = 1
1 + 0 = 1
1 + 1 = 0 (com um '*carry*' de 1)

Quando somamos "1 + 1", o resultado é "0", mas temos um '*carry*' que é adicionado à coluna à esquerda, assim como faríamos ao somar "9 + 1" no sistema decimal.

Subtração Binária:

A subtração no sistema binário segue regras semelhantes à adição:

0 - 0 = 0
1 - 0 = 1
1 - 1 = 0
0 - 1 = 1 (com um '*borrow*' de 1)

Ao subtrair "0 - 1", tomamos '*borrow*' da coluna à esquerda, semelhante à subtração no sistema decimal.

Multiplicação Binária:

A multiplicação é relativamente simples no sistema binário, pois estamos multiplicando apenas por 0 ou 1. As regras são:

0 x 0 = 0
0 x 1 = 0
1 x 0 = 0
1 x 1 = 1

Divisão Binária:

A divisão binária é semelhante à divisão longa no sistema decimal. No entanto, como estamos trabalhando apenas com 0s e 1s, o processo é mais direto. O divisor binário é subtraído do dividendo, e o resultado é o quociente, enquanto o remanescente é levado para a próxima etapa da divisão.

Conclusão:

As operações aritméticas no sistema binário, embora baseadas em apenas dois símbolos, são fundamentais para o funcionamento dos computadores e dispositivos eletrônicos. A capacidade de realizar essas operações rapidamente e com precisão é o que permite que os computadores processem informações e executem tarefas complexas. Ao entender essas operações básicas, ganhamos uma visão mais profunda da lógica subjacente à computação digital.

2.2.4 Importância

A natureza binária da computação digital é o que permite que os computadores processem e armazenem grandes volumes de informações de maneira eficiente. Cada bit em um sistema digital pode estar em um de dois estados, tornando-o ideal para representação em dispositivos eletrônicos, como transistores, que têm dois estados operacionais distintos.

2.2.5 Aplicações

Além da computação, o sistema binário é utilizado em diversas áreas da tecnologia, como na transmissão de dados (onde os bits 0 e 1 podem representar diferentes níveis de tensão ou frequência), em sistemas de codificação e criptografia, e em processos de controle e automação.

Ao compreender a natureza e a estrutura do sistema binário, ganhamos uma visão mais clara de como os dispositivos digitais operam e processam informações, formando a base da era digital em que vivemos.

2.3 SISTEMA HEXADECIMAL

O sistema numérico é uma maneira de representar números. Em computação e eletrônica, além do sistema decimal que usamos no dia a dia, o sistema hexadecimal é frequentemente utilizado devido às suas características e aplicações em diferentes contextos da computação.

2.3.1 Definição

Sistema Hexadecimal: O sistema hexadecimal é baseado em 16 símbolos. Estes são os números de 0 a 9 e as letras de A a F, onde A representa 10, B representa 11, e assim por diante até F que representa 15.

Quando falamos sobre "cada posição em um número hexadecimal representa uma potência de 16", estamos nos referindo à base do sistema numérico e à forma como os números são calculados. Para entender melhor, vamos quebrar isso:

Em sistemas numéricos posicionais, como o decimal (base 10) ou o hexadecimal (base 16), o valor de cada posição é determinado pela potência da base. No sistema decimal, por exemplo, o número 345 é calculado como:

$$3 \times (10^2) + 4 \times (10^1) + 5 \times (10^0)$$

No sistema hexadecimal, o processo é semelhante, mas usamos a base 16. Por exemplo, o número hexadecimal 2A3 é calculado como:

$$2 \times (16^2) + 10 \, (A) \times (16^1) + 3 \times (16^0)$$

Aqui, a posição mais à direita (3 neste caso) é multiplicada por 16 elevado à potência de 0 (qualquer número elevado à potência de 0 é 1). A próxima posição à esquerda (A, que representa 10) é multiplicada por 16 elevado à potência de 1 (que é 16). E assim por diante.

Portanto, quando dizemos que cada posição em um número hexadecimal representa uma potência de 16, estamos nos referindo a como o valor do número é calculado com base na posição de cada dígito e na base do sistema numérico (neste caso, 16).

2.3.2 Conversão

Converter entre sistemas numéricos é uma habilidade essencial em muitas áreas da computação. Uma das maneiras mais comuns de converter entre sistemas decimais e hexadecimais é usar o sistema binário como intermediário. Vamos detalhar esse processo com exemplos:

Para o Sistema Binário:

Cada dígito em um número hexadecimal tem uma representação binária específica. Vejamos alguns exemplos:

Hexadecimal: **1** | Binário: **0001**

Hexadecimal: **2** | Binário: **0010**

Hexadecimal: **3** | Binário: **0011**

...

Hexadecimal: **A (10 em decimal)** | Binário: **1010**

Hexadecimal: **B (11 em decimal)** | Binário: **1011**

...

Hexadecimal: **F (15 em decimal)** | Binário: **1111**

Então, se quisermos converter o número hexadecimal **2AF** para binário, fazemos:

2 (Hex) = 0010 (Binário) A (Hex) = 1010 (Binário) F (Hex) = 1111 (Binário)

Resultado: **2AF (Hex) = 0010 1010 1111 (Binário)**

Do Sistema Binário:

Depois de ter a representação binária, o processo de conversão para hexadecimal envolve agrupar os bits em conjuntos de quatro, começando da direita para a esquerda, e depois converter cada grupo para o dígito hexadecimal correspondente.

Por exemplo, vamos converter o número binário **1101 1010** para hexadecimal:

Grupo 1 (da direita para a esquerda): **1010** = A (Hexadecimal)

Grupo 2: **1101** = D (Hexadecimal)

Resultado: **1101 1010 (Binário) = DA (Hexadecimal)**

Em resumo, a conversão entre hexadecimal e binário é um processo de mapeamento direto, onde cada dígito hexadecimal é representado por quatro bits no sistema binário. Esta relação direta torna a conversão entre os dois sistemas rápida e sem ambiguidades.

2.3.3 Aplicações

O sistema hexadecimal tem várias aplicações práticas, especialmente em computação:

- Relação com Binário: Devido à sua relação direta com o sistema binário, a conversão entre binário e hexadecimal é direta e sem ambiguidades. Isso o torna útil em contextos em que a representação binária é importante, mas a legibilidade e a concisão são desejadas.
- Programação: Em programação, o hexadecimal é frequentemente usado para representar valores binários,

especialmente quando se trabalha diretamente com memória ou registros.

- Design de Sistemas: Em design de sistemas e arquitetura de computadores, o sistema hexadecimal pode ser usado para representar instruções, endereços de memória e outros valores binários de maneira mais legível.

Em resumo, o sistema hexadecimal desempenha um papel crucial em muitas áreas da tecnologia, proporcionando uma maneira eficiente e legível de representar valores binários.

2.4 SISTEMA OCTAL

O sistema numérico é uma maneira de representar números. Em computação e eletrônica, além do sistema decimal e hexadecimal, o sistema octal também é frequentemente utilizado devido às suas características e aplicações em diferentes contextos da computação.

2.4.1 Definição

Sistema Octal: O sistema octal é baseado em 8 símbolos, que são os números de 0 a 7. Cada posição em um número octal representa uma potência de 8.

Para entender melhor, considere o número octal 547. O valor deste número é calculado da seguinte forma:

$5 \times (8^2) + 4 \times (8^1) + 7 \times (8^0)$

Ou seja, 5 multiplicado por 64 (8 ao quadrado), 4 multiplicado por 8 (8 elevado à primeira potência) e 7 multiplicado por 1 (8 elevado à potência zero).

2.4.2 Conversão

Converter entre sistemas numéricos é uma habilidade essencial em muitas áreas da computação. Uma das maneiras mais comuns de converter entre sistemas decimais e octais é usar o sistema binário como intermediário.

Para o Sistema Binário:

Cada dígito em um número octal tem uma representação binária específica. Vejamos alguns exemplos:

Octal: **0** | Binário: **000**
Octal: **1** | Binário: **001**
Octal: **2** | Binário: **010**
...
Octal: **7** | Binário: **111**

Por exemplo, para converter o número octal **52** para binário:

5 (Octal) = 101 (Binário) 2 (Octal) = 010 (Binário)

Resultado: **52 (Octal) = 101 010 (Binário)**

Do Sistema Binário:

Depois de ter a representação binária, o processo de conversão para octal envolve agrupar os bits em conjuntos de três, começando da direita para a esquerda, e depois converter cada grupo para o dígito octal correspondente.

Por exemplo, para converter o número binário **110 101** para octal:

Grupo 1 (da direita para a esquerda): **101** = **5** (Octal)
Grupo 2: **110** = **6** (Octal)
Resultado: **110 101 (Binário)** = **65 (Octal)**

Em resumo, o sistema octal, assim como o hexadecimal, tem uma relação direta com o sistema binário, o que facilita a conversão entre eles. Cada dígito octal é representado por três bits no sistema binário, tornando a conversão entre os dois sistemas direta e intuitiva.

2.4.3   Aplicações do Sistema Octal

O sistema octal, embora menos prevalente hoje em dia do que os sistemas binário e hexadecimal, tem uma série de aplicações históricas e práticas em computação e eletrônica. Aqui estão algumas das principais aplicações do sistema octal:

a. **Computação Histórica:** Nos primeiros dias da computação, muitos sistemas de computador usavam uma arquitetura de *byte* que era naturalmente divisível por três (por exemplo, 6, 12, 24 ou 36 bits). Nestes sistemas, o octal era frequentemente usado como uma representação concisa de números binários, pois três dígitos binários (bits) correspondem exatamente a um dígito octal.

b. **Sistemas de Numeração Alternativos:** Em algumas culturas e aplicações, o sistema octal foi usado como uma alternativa ao sistema decimal, especialmente em contextos em que a divisão por 8 é mais conveniente ou intuitiva do que a divisão por 10.

c. **Eletrônica e Design de Circuitos:** Em algumas aplicações eletrônicas, especialmente aquelas que lidam com divisões de frequência ou multiplexação, o sistema octal pode ser usado para representar estados ou canais, devido à sua base ser uma potência de 2.

d. **Notação Abreviada:** Assim como o sistema hexadecimal é usado para representar *bytes* em uma notação mais concisa, o sistema octal foi usado historicamente para representar grupos de bits de forma mais compacta, especialmente quando trabalhando com sistemas que tinham tamanhos de palavra que eram múltiplos de três.

e. **Sistemas Operacionais e Programação:** Em sistemas operacionais Unix e Linux, o sistema octal é frequentemente usado para representar permissões de arquivo. Por exemplo, a permissão "755" em notação octal indica que o proprietário tem permissão de leitura, escrita e execução (7), enquanto outros usuários têm permissão de leitura e execução (5).

Em resumo, enquanto o sistema octal pode não ser tão amplamente utilizado hoje em dia como o binário ou o hexadecimal, ele ainda tem uma série de aplicações práticas e históricas em computação e eletrônica. Seu uso em sistemas operacionais modernos, como Unix e Linux, para representar permissões de arquivo é um testemunho de sua utilidade contínua em certos contextos.

CAPÍTULO 3:
ARITMÉTICA DIGITAL

A aritmética digital é a espinha dorsal dos sistemas computacionais modernos, permitindo a execução de operações matemáticas em formatos digitais, geralmente binários.

3.1 INTRODUÇÃO

A aritmética digital é a pedra angular da computação moderna e tem suas raízes firmemente plantadas no sistema binário. Neste sistema, cada dígito é referido como um "bit", que é uma contração das palavras "*binary digit*". Cada bit pode assumir um de dois valores possíveis: 0 ou 1. Esta dualidade é o que torna o sistema binário tão adequado para dispositivos eletrônicos. Em sua essência, a eletrônica digital opera com base em dois estados distintos, frequentemente interpretados como "ligado" (ou "*high*", representado pelo número 1) e "desligado" (ou "*low*", representado pelo número 0). Estes estados podem ser representados por diferentes voltagens em um circuito, por exemplo, 0 volts para "0" e 5 volts para "1". A capacidade de representar informações de forma binária e realizar operações aritméticas nesse formato é o que permite a execução de programas complexos e o processamento de grandes volumes de dados em velocidades incrivelmente altas. A representação binária é, portanto, não apenas uma escolha arbitrária, mas uma consequência direta da natureza dos dispositivos eletrônicos e da física subjacente que os governa (TANENBAUM, 2015).

3.2 OPERAÇÕES BÁSICAS

3.2.1 Adição Binária

A adição de números binários é uma operação fundamental na aritmética digital. Assim como na adição decimal, onde somar valores maiores que 9 resulta em um *"carry"* para a próxima coluna, a adição binária tem um conceito similar. Quando somamos dois bits com valor "1", o resultado é "10" em binário. O dígito da direita, "0", é colocado na coluna atual, enquanto o dígito da esquerda, "1", é "carregado" para a coluna à esquerda, atuando como um *"carry-over"*. Este processo de *"carry"* é repetido para cada coluna subsequente, garantindo que a soma seja realizada corretamente em todo o número binário. A capacidade de entender e aplicar essa técnica de *"carry-over"* é crucial para a implementação eficiente de circuitos de adição em hardware digital (KNUTH, 1997).

3.2.2 Subtração Binária

A subtração binária, assim como sua contraparte decimal, pode exigir o *"borrowing"* (emprestado) de um bit adjacente mais significativo. No sistema decimal, quando subtraímos um número maior de um número menor em uma determinada coluna, pegamos emprestado uma unidade da coluna adjacente à esquerda. De forma similar, na aritmética binária, quando o subtraendo (o número que está sendo subtraído) tem um bit definido como '1' e o minuendo (o número do qual estamos subtraindo) tem um bit '0' na mesma posição, é necessário pegar emprestado um '1' do bit adjacente à esquerda.

Para ilustrar, considere a subtração binária de 1001 (minuendo) por 0011 (subtraendo). Na coluna mais à direita, temos 1 - 1, que resulta em 0. Na próxima coluna, temos 0 - 1. Como não podemos subtrair 1 de 0 diretamente em binário, pegamos emprestado um 1 do próximo bit à esquerda, tornando-o 10 em binário. Agora, 10 - 1 resulta em 1. O processo continua até que a subtração seja concluída em todas as colunas.

É essencial entender esse conceito de *"borrowing"* na subtração binária, pois ele é fundamental para a implementação eficiente de circuitos de subtração em hardware digital. A capacidade de gerenciar e aplicar essa técnica é crucial para operações aritméticas em sistemas digitais (KNUTH, 1997).

3.2.3 Multiplicação e Divisão

A multiplicação e a divisão binária são, em essência, extensões das operações fundamentais de adição e subtração, mas adaptadas ao contexto do sistema binário.

Multiplicação Binária: A multiplicação binária é semelhante à multiplicação decimal que aprendemos na escola. Quando multiplicamos dois números binários, multiplicamos o multiplicador pelo multiplicando, bit a bit, começando pelo bit menos significativo. Se considerarmos a multiplicação de **101** (multiplicando) por **11** (multiplicador), multiplicamos primeiro o bit menos significativo do multiplicador (à direita) por todo o multiplicando. Em seguida, fazemos o mesmo com o próximo bit do multiplicador, deslocando o resultado uma posição à esquerda, e assim por diante. Os resultados intermediários são então somados para obter o produto final.

Divisão Binária: A divisão binária, por outro lado, é um processo iterativo que envolve subtrações repetidas. O divisor é subtraído repetidamente do dividendo até que o que resta do dividendo seja menor que o divisor. O número de vezes que o divisor pode ser subtraído do dividendo é o quociente, e o que resta após todas as subtrações é o resto. Assim como na divisão decimal, o processo requer atenção cuidadosa ao posicionamento dos bits e ao gerenciamento de *"borrowing"* quando necessário.

Ambas as operações, multiplicação e divisão, embora pareçam simples em teoria, podem ser complexas em sua implementação, especialmente em hardware digital. Isso ocorre porque elas envolvem múltiplas operações de adição ou subtração em sequência. No entanto, com o entendimento adequado das operações básicas de adição e subtração binárias, essas operações mais avançadas podem ser realizadas com precisão e eficiência (TANENBAUM, 2015).

3.3 REPRESENTAÇÃO DE NÚMEROS NEGATIVOS

Os Em sistemas digitais, a representação de números negativos é um desafio que requer uma abordagem especial. Ao contrário do sistema numérico decimal, onde simplesmente adicionamos um sinal de menos (-) na frente de um número para indicar sua negatividade, os sistemas binários utilizam técnicas específicas para representar e manipular números negativos.

Complemento de Dois: A técnica mais comum para representar números negativos em binário é o "complemento de dois". Esta técnica é amplamente adotada devido à sua simplicidade e eficácia na realização de operações aritméticas.

Para obter o complemento de dois de um número binário:

1. Inverta todos os bits do número (troque 0s por 1s e vice-versa).
2. Some 1 ao resultado da inversão.

Por exemplo, para encontrar o complemento de dois do número binário **0101**:

1. Inversão: **1010**
2. Adicione 1: **1011**

O número **1011** é a representação em complemento de dois do número negativo **-0101**.

Vantagens do Complemento de Dois: A principal vantagem do complemento de dois é que ele permite a realização de operações aritméticas (como adição e subtração) entre números positivos e negativos sem necessidade de lógica adicional. Quando números representados em complemento de dois são somados ou subtraídos, o "*carry*" ou "*borrow*" resultante é simplesmente descartado, e a aritmética funciona como esperado.

Interpretação: O bit mais significativo em uma representação em complemento de dois é frequentemente referido como o "bit de sinal". Se esse bit for **0**, o número é positivo; se for **1**, o número é negativo. Isso também facilita a identificação rápida da positividade ou negatividade de um número binário.

Em resumo, o complemento de dois é uma técnica elegante e eficiente que permite a representação e manipulação de números negativos em sistemas digitais, garantindo que as operações aritméticas sejam realizadas de maneira direta e intuitiva (TANENBAUM, 2015).

3.4 OVERFLOW E UNDERFLOW

Em sistemas digitais, especialmente ao lidar com operações aritméticas, é possível encontrar situações em que os resultados não podem ser representados adequadamente devido às limitações do sistema. Essas situações são categorizadas como "*overflow*" e "*underflow*".

Overflow: O *overflow* ocorre quando o resultado de uma operação excede o limite superior que o sistema pode representar. Por exemplo, em um sistema que utiliza 8 bits para representar números inteiros, o valor máximo que pode ser representado é **11111111** (ou 255 em decimal). Se tentarmos somar 250 e 10 nesse sistema, o resultado real seria 260, mas isso causaria um *overflow*, já que 260 não pode ser representado com apenas 8 bits.

Underflow: Por outro lado, o *underflow* ocorre quando o resultado de uma operação está abaixo do limite inferior que o sistema pode representar. Isso é mais comum em sistemas que trabalham com números de ponto flutuante, onde o resultado de uma operação pode ser um número extremamente pequeno que o sistema não consegue representar.

Detecção e Mitigação: A detecção de *overflow* e *underflow* é crucial para garantir a integridade dos cálculos em sistemas digitais. Muitos sistemas modernos possuem mecanismos de hardware ou software que detectam automaticamente essas condições e geram exceções ou interrupções. Ao detectar essas condições, o sistema pode tomar medidas corretivas, como:

1. Informar ao usuário sobre o erro.
2. Limitar o resultado ao valor máximo ou mínimo representável.
3. Utilizar técnicas de arredondamento ou truncamento.

4. Encerrar a operação ou o programa que causou a condição.

Além disso, os desenvolvedores de software podem implementar verificações e balizas em seus códigos para prevenir ou lidar com possíveis *overflows* e *underflows*, garantindo que os resultados sejam tão precisos quanto possível dentro das limitações do sistema.

Em resumo, o *overflow* e o *underflow* são condições que podem comprometer a precisão e a confiabilidade dos sistemas digitais. Portanto, é essencial que esses sistemas sejam projetados para detectar, alertar e, idealmente, mitigar essas condições, garantindo operações confiáveis e resultados precisos (KNUTH, 1997).

3.5 CONCLUSÃO

A aritmética digital é uma área essencial da ciência da computação e da engenharia, permitindo que os sistemas computacionais realizem operações matemáticas de maneira eficiente e precisa.

CAPÍTULO 4:
HISTÓRIA DA LÓGICA

A lógica, como disciplina, tem suas raízes na antiguidade, muito antes de ser aplicada em circuitos digitais e computação. Este capítulo explora a evolução da lógica desde seus primórdios filosóficos até sua aplicação prática na era moderna.

4.1 ORIGENS FILOSÓFICAS DA LÓGICA

A lógica, em sua essência, é a ciência do raciocínio, da prova, do pensamento e da inferência. As origens da lógica remontam à Grécia Antiga, onde foi estabelecida como uma disciplina distinta e fundamental para a filosofia e a ciência.

4.1.1 Aristóteles: O Pai da Lógica

Aristóteles (384-322 a.C.) é frequentemente referido como o "Pai da Lógica". Ele foi o primeiro a estabelecer um sistema formalizado de lógica. Em sua obra "Organon", Aristóteles detalhou os princípios do que agora chamamos de lógica silogística. Ele introduziu conceitos como premissas, conclusões e silogismos, que são a base da lógica dedutiva.

4.1.2 Outros Filósofos Gregos e Contribuições

Antes de Aristóteles, outros filósofos gregos, como Parmênides e Zenão de Eleia, já exploravam questões lógicas, especialmente em relação à natureza da realidade e da verdade. Platão, mentor de Aristóteles, também fez contribuições significativas, especialmente em sua teoria das formas ideais e em diálogos como "Parmênides", onde a lógica desempenha um papel crucial.

4.1.3 Escolas Helenísticas e Desenvolvimentos Posteriores

Após Aristóteles, várias escolas de pensamento helenístico, como os estoicos, fizeram contribuições significativas à lógica. Os estoicos, por exemplo, desenvolveram uma forma de lógica proposicional que lidava com proposições e conectivos, como "e", "ou" e "não".

4.1.4 A Lógica como Ferramenta de Argumentação

Na Grécia Antiga, a lógica não era apenas uma disciplina teórica; era uma ferramenta prática usada em argumentação e retórica. Os sofistas, mestres da retórica, frequentemente empregavam técnicas lógicas em seus argumentos, embora fossem frequentemente criticados por usar a lógica de maneira enganosa.

4.1.5 Conclusão

As origens filosóficas da lógica na Grécia Antiga estabeleceram as bases para milênios de desenvolvimento subsequente em filosofia, matemática e ciência. A lógica, como foi concebida e desenvolvida pelos antigos gregos, continua a influenciar o pensamento moderno e é fundamental para muitas disciplinas acadêmicas e aplicações práticas.

4.2 LÓGICA NA IDADE MÉDIA

Durante A Idade Média, também conhecida como período medieval, foi uma época de intensa atividade intelectual, especialmente no que diz respeito à teologia e à filosofia. Durante este período, a lógica desempenhou um papel crucial na reconciliação da filosofia grega antiga com a teologia cristã.

4.2.1 Contexto Religioso

A lógica, durante a Idade Média, foi frequentemente estudada em escolas monásticas e universidades, onde a teologia era a "rainha das ciências". A lógica era vista como uma ferramenta para entender e interpretar as Escrituras e os ensinamentos da Igreja (HILDEBRAND, 2009).

4.2.2 São Tomás de Aquino: Síntese da Razão e Fé

São Tomás de Aquino (1225-1274) é talvez o mais famoso filósofo e teólogo medieval. Em sua obra seminal, "*Summa Theologica*", ele tentou criar uma síntese entre a filosofia aristotélica e a teologia cristã. Aquino argumentou que a razão e a fé não são incompatíveis, mas complementares. Ele acreditava que a lógica poderia ser usada para provar certas verdades teológicas (AQUINO, 1274).

4.2.3 Guilherme de Ockham: Navalha de Ockham

Guilherme de Ockham (1287-1347) é outro lógico medieval de destaque. Ele é mais conhecido por sua "navalha", um princípio lógico que afirma que, entre duas explicações, a mais simples é geralmente a correta. Em sua obra "*Summa Logicae*", Ockham explorou a natureza da lógica e da linguagem, e como elas se relacionam com a realidade (OCKHAM, 1323).

4.2.4 Conclusão

A Idade Média foi um período de renovação e expansão da lógica, onde os ensinamentos dos antigos gregos foram adaptados e expandidos para se alinhar com a teologia cristã. Os lógicos medievais não apenas preservaram o legado da lógica antiga, mas também fizeram contribuições significativas que ainda influenciam o pensamento lógico e filosófico moderno.

4.3 LÓGICA MODERNA

O século 19 marcou uma revolução no campo da lógica, transformando-a de uma disciplina predominantemente filosófica para uma disciplina rigorosamente matemática. Esta transformação foi catalisada por avanços significativos em matemática pura e pela necessidade emergente de formalizar o raciocínio lógico.

4.3.1 A Ascensão da Matematização

Durante o século 19, houve um movimento crescente para formalizar e matematizar várias disciplinas. A lógica, sendo intrinsecamente ligada ao raciocínio e à inferência, tornou-se um candidato natural para essa matematização. Matemáticos e filósofos começaram a ver a lógica não apenas como uma ferramenta de argumentação, mas como um sistema formal com suas próprias regras e estruturas (RUSSELL, 1903).

4.3.2 George Boole e a Álgebra Booleana

George Boole (1815-1864) foi uma figura central na transformação da lógica durante este período. Em 1854, ele publicou *"An Investigation of the Laws of Thought"*, onde introduziu um sistema lógico-matemático que veio a ser conhecido como álgebra booleana. Esta álgebra usava operações como "E", "OU" e "NÃO" para representar relações lógicas. A inovação de Boole foi tratar variáveis lógicas como entidades algébricas, permitindo que elas fossem manipuladas matematicamente (BOOLE, 1854).

4.3.3 Impacto na Computação

A álgebra booleana de Boole provou ser fundamental para o desenvolvimento da computação moderna. Claude Shannon, no século 20, aplicou a álgebra booleana ao design de circuitos eletrônicos, estabelecendo assim a base para a lógica digital em computadores. A capacidade de representar e manipular informações de forma binária, usando a lógica de Boole, tornou-se a espinha dorsal da revolução da computação (SHANNON, 1938).

4.3.4 Conclusão

A lógica moderna, com suas raízes no século 19, transformou a maneira como entendemos e aplicamos o raciocínio lógico. A contribuição de George Boole e sua álgebra booleana não pode ser subestimada, pois ela pavimentou o caminho para a era digital em que vivemos hoje.

4.4 LÓGICA E COMPUTAÇÃO

O século 20 testemunhou uma revolução tecnológica sem precedentes com o surgimento dos computadores. A lógica, especialmente a álgebra booleana, desempenhou um papel fundamental nessa transformação, servindo como a espinha dorsal para o desenvolvimento e operação de sistemas computacionais.

4.4.1 A Era dos Relés

Antes da invenção dos transistores, os primeiros computadores, como o ENIAC, eram baseados em relés – interruptores eletromecânicos que podiam ser ligados ou desligados. Embora eficazes, esses sistemas eram volumosos, consumiam muita energia e eram propensos a falhas (GOLDBERG, 1981).

4.4.2 Claude Shannon e a Revolução Booleana

Claude Shannon, enquanto ainda era um estudante de graduação no MIT, escreveu sua tese seminal "*A Symbolic Analysis of Relay and Switching Circuits*" em 1937. Neste trabalho, ele mostrou que a álgebra booleana, introduzida por George Boole no século 19, poderia ser aplicada para otimizar o design de circuitos de relé. Esta foi a primeira vez que a lógica booleana foi aplicada de forma prática em engenharia elétrica, estabelecendo assim as bases para a lógica digital moderna (SHANNON, 1937).

4.4.3 Transição para Circuitos Eletrônicos Digitais

Com a descoberta do transistor na década de 1950, os computadores começaram a se afastar dos relés eletromecânicos em favor de circuitos eletrônicos digitais. Estes circuitos, baseados na lógica booleana, eram mais rápidos, confiáveis e consumiam menos energia. A miniaturização contínua desses componentes levou ao desenvolvimento de circuitos integrados e, eventualmente, aos microprocessadores modernos (MOORE, 1965).

4.4.4 Conclusão

A intersecção da lógica com a computação no século 20 não apenas revolucionou a tecnologia, mas também a maneira como vivemos, trabalhamos e nos comunicamos. A aplicação prática da lógica booleana em sistemas computacionais transformou o mundo e continua a influenciar o desenvolvimento tecnológico até hoje.

A lógica, desde suas origens filosóficas até sua aplicação em tecnologia moderna, tem sido uma ferramenta fundamental para entender e moldar o mundo ao nosso redor. A evolução da lógica ao longo dos séculos demonstra sua adaptabilidade e relevância contínua em diversas áreas do conhecimento.

A Álgebra Booleana e as Portas Lógicas são os pilares fundamentais da lógica digital e da computação moderna. Este capítulo explora a teoria e a aplicação prática desses conceitos, que têm sido instrumentais na revolução tecnológica do século 20 e 21.

CAPÍTULO 5:
ÁLGEBRA BOOLEANA E PORTAS LÓGICAS

A Álgebra Booleana e as Portas Lógicas são os pilares fundamentais da lógica digital e da computação moderna. Este capítulo explora a teoria e a aplicação prática desses conceitos, que têm sido instrumentais na revolução tecnológica do século 20 e 21.

5.1 INTRODUÇÃO À ÁLGEBRA BOOLEANA

A Álgebra Booleana, nomeada em homenagem a George Boole, é um sistema matemático que lida com variáveis binárias e operações lógicas. As variáveis em álgebra booleana podem ter apenas dois valores possíveis: verdadeiro (1) ou falso (0).

5.1.1 Operações Básicas

Na álgebra booleana, que é a espinha dorsal da lógica digital, existem três operações básicas que são fundamentais para a construção e compreensão de circuitos digitais. Estas operações são a conjunção, disjunção e negação. A seguir, serão detalhadas cada uma dessas operações, ilustrando sua representação simbólica, tabelas-verdade e aplicações práticas nos circuitos digitais.

Conjunção (E)

A operação de conjunção, também conhecida como operação "E" ou "AND" em inglês, é representada pelo símbolo "∧".

Esta operação só retorna verdadeiro quando ambas as entradas são verdadeiras. Em um circuito digital, uma porta lógica AND é utilizada para executar esta operação.

- **Simbologia:** A ∧ B
- **Tabela-Verdade:**

A	B	A ∧ B
0	0	0
0	1	0
1	0	0
1	1	1

Disjunção (OU)

A operação de disjunção, também conhecida como operação "OU" ou "OR" em inglês, é representada pelo símbolo "∨". Esta operação retorna verdadeiro se pelo menos uma das entradas for verdadeira. Em um circuito digital, uma porta lógica OR é utilizada para executar esta operação.

Simbologia: A ∨ B
Tabela-Verdade:

A	B	A ∨ B
0	0	0
0	1	1
1	0	1

A	B	A ∨ B
1	1	1

Negação (NÃO)

A operação de negação, também conhecida como operação "NÃO" ou "NOT" em inglês, é representada pelo símbolo "¬". Esta operação inverte o valor da entrada, ou seja, se a entrada for verdadeira, a saída será falsa e vice-versa. Em um circuito digital, uma porta lógica NOT é utilizada para executar esta operação.

Simbologia: ¬A

Tabela-Verdade:

A	¬A
0	1
1	0

A compreensão destas operações básicas é crucial para o desenvolvimento e análise de circuitos digitais, além de servir como a fundação para explorar operações mais complexas e estruturas de circuitos digitais.

5.2 PORTAS LÓGICAS

Portas lógicas são elementos fundamentais em circuitos digitais, atuando como as engrenagens que executam operações booleanas básicas. Essas operações, por sua vez, são cruciais para a manipulação de dados binários em sistemas digitais. As portas lógicas podem ser visualizadas como pequenos blocos de construção que, quando combinados de maneira adequada, formam circuitos mais complexos capazes de realizar tarefas computacionais variadas.

5.2.1 Tipos de Portas Lógicas

A seguir são apresentados os principais tipos de portas lógicas, com uma breve descrição de sua função e simbologia:

Porta AND:

A porta AND implementa a operação de conjunção booleana. Ela possui duas ou mais entradas e uma saída. A saída é verdadeira (1) apenas quando todas as entradas são verdadeiras (1).

Simbologia:

Porta OR:

A porta OR implementa a operação de disjunção booleana. Ela possui duas ou mais entradas e uma saída. A saída é verdadeira (1) quando pelo menos uma das entradas é verdadeira (1).

Simbologia:

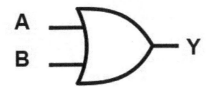

Porta NOT:

A porta NOT implementa a operação de negação booleana. Ela possui uma entrada e uma saída. A saída é o inverso da entrada, ou seja, se a entrada é verdadeira (1), a saída é falsa (0), e vice-versa.

Simbologia:

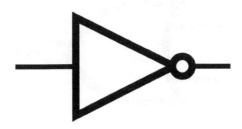

Porta NAND:

A porta NAND é uma combinação da porta AND com a operação de negação. A saída é falsa (0) apenas quando todas as entradas são verdadeiras (1).

Simbologia:

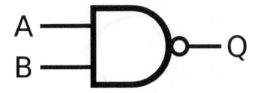

Porta NOR:

A porta NOR é uma combinação da porta OR com a operação de negação. A saída é verdadeira (1) apenas quando todas as entradas são falsas (0).

Simbologia:

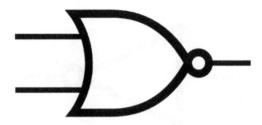

Porta XOR:

A porta XOR (OU Exclusivo) retorna verdadeiro (1) quando o número de entradas verdadeiras (1) é ímpar.

Simbologia:

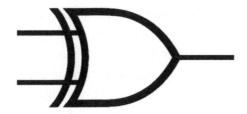

Porta XNOR:

A porta XNOR (NOR Exclusivo) é a negação da porta XOR. Retorna verdadeiro (1) quando o número de entradas verdadeiras (1) é par.

Simbologia:

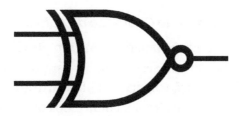

Estas portas, em suas variações e combinações, oferecem as ferramentas necessárias para o design e a análise de circuitos digitais complexos. Por meio de sua implementação adequada, é possível criar circuitos capazes de realizar operações aritméticas, lógicas e outras funções essenciais em sistemas computacionais.

5.3 APLICAÇÕES PRÁTICAS

A fusão da álgebra booleana com portas lógicas propiciou um avanço monumental no desenvolvimento de circuitos digitais. Esta junção é a coluna vertebral que sustenta desde dispositivos simples como calculadoras até infraestruturas computacionais extremamente avançadas como os supercomputadores. A modularidade e a lógica intrínseca das portas lógicas facilitam a criação, análise e otimização de circuitos digitais, permitindo a implementação de operações aritméticas e lógicas de maneira eficiente e confiável.

5.3.1 Design de Circuitos

A álgebra booleana é uma ferramenta inestimável na manga dos engenheiros de circuitos, permitindo-lhes esboçar, analisar e otimizar designs de circuitos com precisão. Vamos explorar como uma operação aritmética básica, como a adição, pode ser concretizada através de portas lógicas:

Implementação de uma Operação de Adição:

A operação de adição binária é um exemplo clássico de como as portas lógicas podem ser utilizadas para realizar operações aritméticas. Uma adição binária simples entre dois bits pode ser realizada através de um circuito conhecido como meio somador (Half Adder).

1. **Meio Somador (Half Adder):**
   - **Sum (Soma):** A operação de soma é realizada por uma porta XOR, que retorna 1 se o número de 1s nas entradas for ímpar.

- *Carry* **(Vai um):** A operação de transporte é realizada por uma porta AND, que retorna 1 apenas se ambas as entradas forem 1.

A tabela a seguir representa o comportamento de um Meio Somador (Half Adder) com base nas operações das portas lógicas XOR (para a soma) e AND (para o *carry* ou vai um):

Entrada A	Entrada B	Soma (Output XOR)	*Carry* (Output AND)
0	0	0	0
0	1	1	0
1	0	1	0
1	1	0	1

- Na primeira linha, ambas as entradas são 0, então a saída da soma é 0 (já que não há nenhum 1 nas entradas) e a saída do *carry* é 0 (já que ambas as entradas não são 1).
- Na segunda e terceira linhas, há exatamente um 1 entre as entradas, resultando em uma saída de soma de 1 (devido à porta XOR) e uma saída de *carry* de 0 (devido à porta AND).
- Na quarta linha, ambas as entradas são 1, resultando em uma saída de soma de 0 (devido à porta XOR) e uma saída de *carry* de 1 (devido à porta AND, pois ambas as entradas são 1).

Este é um exemplo simplificado, mas na prática, os engenheiros utilizariam uma combinação de meio somadores e somadores completos (que podem lidar com entradas de *carry*) para implementar um somador binário completo que pode somar números binários maiores.

O processo de design prossegue com a análise e otimização do circuito, onde a álgebra booleana é empregada para simplificar expressões booleanas, reduzindo assim o número de portas lógicas necessárias e, consequentemente, o custo, o espaço e a potência requerida pelo circuito. Análise e Otimização:

A análise é crucial para garantir que o circuito funcione conforme o desejado, enquanto a otimização busca aprimorar o design, tornando-o mais eficiente. Técnicas como a simplificação de expressões booleanas através de leis e teoremas da álgebra booleana, ou o uso de Mapas de Karnaugh, são essenciais para alcançar designs de circuitos otimizados.

Ferramentas de Design:

Há uma variedade de ferramentas de software disponíveis que auxiliam os engenheiros no design, teste e otimização de circuitos digitais. Essas ferramentas, muitas vezes, têm a capacidade de simular o comportamento do circuito, proporcionando uma plataforma poderosa para a inovação e a melhoria contínua no campo do design de circuitos digitais.

Em resumo, a álgebra booleana, juntamente com o uso prático de portas lógicas, forma a base sobre a qual a engenharia de circuitos digitais é construída, permitindo a criação de sistemas digitais cada vez mais avançados e inovadores.

5.3.2 Computação Moderna

A computação moderna é um testemunho fascinante do poder e da eficiência das operações booleanas realizadas por portas lógicas. Os microprocessadores, que servem como o núcleo computacional de uma miríade de dispositivos modernos, desde computadores pessoais até *smartphones*, encapsulam bilhões de portas lógicas. Estas portas lógicas são meticulosamente organizadas e interconectadas para executar uma vasta gama de operações complexas a velocidades assombrosas, muitas vezes medido em *gigahertz* (GHz), o que equivale a bilhões de operações por segundo.

Arquitetura de Microprocessadores:

Os microprocessadores são projetados com uma arquitetura intricada que facilita a execução eficiente de instruções. Esta arquitetura inclui, mas não se limita a, unidades lógica e aritmética (ALU), registradores, unidade de controle, unidade de processamento central (CPU) e memória cache. Cada uma dessas componentes contém um número substancial de portas lógicas que operam em conjunto para processar dados e executar instruções.

Unidades Lógica e Aritmética (ALU):

A ALU é o componente do microprocessador responsável por executar operações lógicas e aritméticas. Utilizando portas lógicas, a ALU pode executar operações como adição, subtração, e operações lógicas como AND, OR e NOT em dados binários.

Aceleração do Processamento:

A evolução contínua da tecnologia de fabricação de semicondutores tem permitido uma miniaturização constante das portas lógicas, o que, por sua vez, facilita a integração de um número cada vez maior de transistores e portas lógicas em microprocessadores. Este fenômeno é muitas vezes descrito pela

Lei de Moore, que observou que o número de transistores em um microprocessador dobra aproximadamente a cada dois anos, levando a um aumento correspondente no desempenho de processamento.

Consequências para Dispositivos Modernos:

Com bilhões de portas lógicas trabalhando em harmonia, os microprocessadores modernos são capazes de executar tarefas computacionais complexas, permitindo a funcionalidade avançada que observamos em dispositivos modernos. Seja navegando na internet, jogando videogames intensivos em gráficos ou executando aplicativos de aprendizado de máquina, a eficiência e a velocidade de processamento dos microprocessadores modernos estão no coração da era digital em que vivemos.

O Futuro da Computação:

Olhando para o futuro, tecnologias emergentes como computação quântica e arquiteturas de processadores neuromórficos prometem revolucionar ainda mais o campo da computação, oferecendo potenciais avanços em termos de eficiência energética, capacidade de processamento e a habilidade de resolver problemas que são atualmente intransigentes para a computação clássica. No entanto, os princípios fundamentais de operações booleanas e portas lógicas continuarão a ser uma pedra angular da computação, servindo como uma fundação sobre a qual novas inovações serão construídas.

O pulsar incessante das portas lógicas em microprocessadores modernos continua a ser um testemunho da elegância e poder da álgebra booleana na prática, demonstrando como princípios matemáticos fundamentais podem ser transcendidos para formar a espinha dorsal da tecnologia moderna e da inovação contínua.

5.4 CONCLUSÃO

A álgebra booleana e as portas lógicas são conceitos fundamentais que deram origem à era digital. A capacidade de representar e manipular informações de forma binária transformou o mundo da tecnologia e continua a ser a base da computação moderna.

CAPÍTULO 6:
CIRCUITOS COMBINACIONAIS

6.1 INTRODUÇÃO

Os circuitos combinacionais são a espinha dorsal da lógica digital. Eles são caracterizados pela ausência de ciclos de *feedback* e pela produção de uma saída que é uma função pura de suas entradas. Diferentemente dos circuitos sequenciais, os circuitos combinacionais não têm memória.

6.2 CORRESPONDÊNCIA DE CIRCUITOS

A correspondência entre diferentes tipos de circuitos combinacionais é uma área crucial no estudo da eletrônica digital. Essa correspondência permite que os engenheiros e pesquisadores compreendam como operações lógicas e aritméticas, que são frequentemente realizadas em software, podem ser traduzidas e implementadas em hardware. Essa tradução é essencial para a criação de dispositivos eletrônicos eficientes e confiáveis.

Os circuitos combinacionais são aqueles cuja saída depende apenas dos valores atuais de suas entradas, sem considerar os valores anteriores. Esses circuitos não possuem memória e, portanto, não têm capacidade de armazenar informações. Eles são amplamente utilizados em operações lógicas e aritméticas, como adição, subtração, multiplicação e divisão, bem como em funções lógicas como AND, OR e NOT.

A capacidade de mapear operações lógicas e aritméticas em circuitos combinacionais é o que permite a construção de unidades aritméticas e lógicas (ALUs) em processadores de computadores. As ALUs são responsáveis por realizar todas as operações matemáticas e lógicas em um processador, tornando-se um componente essencial em qualquer sistema computacional.

6.3 EQUIVALÊNCIA DE CIRCUITOS

A equivalência entre circuitos é uma técnica fundamental no campo da eletrônica e da computação. Essa equivalência permite a simplificação e otimização de designs, o que pode resultar em uma redução significativa no número de portas lógicas utilizadas. Como consequência, há uma diminuição no custo e na complexidade do circuito, tornando-o mais eficiente e econômico.

A equivalência de circuitos pode ser demonstrada através de tabelas-verdade. Vamos considerar duas funções lógicas básicas: AND e OR. Demonstrarei a equivalência entre a função NAND seguida de uma função NOT (inversor) e a função AND.

Tabela-verdade para a função AND:

A	B	AND
0	0	0
0	1	0
1	0	0
1	1	1

Tabela-verdade para a função NAND:

A	B	NAND
0	0	1
0	1	1
1	0	1
1	1	0

Se pegarmos a saída da função NAND e passarmos por um inversor (NOT), obteremos:

Tabela-verdade para a função NAND seguida de NOT:

A	B	NAND	NOT(NAND)
0	0	1	0
0	1	1	0
1	0	1	0
1	1	0	1

Como podemos ver, a coluna "NOT(NAND)" é idêntica à coluna "AND", o que demonstra que a combinação de uma função NAND seguida de uma função NOT é equivalente a uma função AND.

Essa é uma das muitas equivalências possíveis em lógica digital. A capacidade de identificar e aplicar essas equivalências é fundamental para otimizar e simplificar circuitos.

A técnica de computação aproximada, por exemplo, explora a resiliência inerente a uma ampla gama de domínios de aplicação, permitindo que as implementações de hardware abandonem a equivalência booleana exata com especificações algorítmicas. Isso é evidenciado por Venkataramani *et al.* (2012), que propuseram o SALSA, uma metodologia sistemática para a síntese lógica automática de circuitos aproximados.

Além disso, a otimização de circuitos baseados em portas de maioria é uma área de pesquisa em crescimento. Como observado por Waluś *et al.* (2004), a tecnologia de automação quântica de pontos quânticos (QCA) explora a porta de maioria como o principal primitivo lógico, levando à necessidade de métodos de simplificação para funções booleanas de três variáveis.

Shin e Gupta (2011) também destacaram a importância da simplificação de circuitos para aplicações tolerantes a erros, mostrando que abordagens de otimização determinística podem fornecer reduções significativas na área do circuito mesmo com orçamentos modestos de tolerância a erros.

6.4 SIMPLIFICAÇÃO DE EXPRESSÕES BOOLEANAS

A simplificação de expressões booleanas é uma técnica essencial em eletrônica digital e design de circuitos. Ao simplificar expressões booleanas, é possível reduzir o número de portas lógicas e conexões em um circuito combinacional, o que leva a circuitos mais compactos, eficientes em termos de energia e mais rápidos. Esta simplificação é frequentemente realizada usando leis e teoremas booleanos, bem como técnicas como mapas de Karnaugh.

Leis Booleanas Básicas

Existem várias leis booleanas que podem ser usadas para simplificar expressões booleanas. Algumas das leis mais comuns incluem:

1. **Identidade:** $A + 0 = A$ e $A \cdot 1 = A$
2. **Nulidade:** $A + \bar{A} = 1$ e $A \times A = 0$
3. **Idempotência:** $A + A = A$ e $A \cdot A = A$
4. **Comutatividade:** $A + B = B + A$ e $A \cdot B = B \cdot A$
5. **Associatividade:**
   $A + (B + C) = (A + B) + C$ e $A \cdot (B \cdot C) = (A \cdot B) \cdot C$

Exemplo de Simplificação Usando Leis Booleanas

Dada a expressão: $F = A \cdot B + A \cdot \neg B + A \cdot B$

Primeiro, aplicamos a lei da idempotência para simplificar a expressão, já que $A \cdot B$ aparece duas vezes:

$F = A \cdot B + A \cdot \neg B$ *(removendo o termo duplicado $A \cdot B$)*

Agora, aplicamos a lei distributiva (que é o inverso da lei de associatividade):

$F = A \cdot (B + \neg B)$ (combinando os termos com A em comum)

Usando a lei da nulidade, onde $B + \neg B$ é igual a 1:

$F = A \cdot 1$

Por fim, aplicamos a lei da identidade, onde $A \cdot 1$ é simplesmente A:

$F = A$

Portanto, a expressão simplificada correta é $F = A$.

6.5 MINTERMOS E MAXTERMOS

Em álgebra booleana, mintermos e maxtermos são formas canônicas que representam funções booleanas e são usados para simplificar e padronizar expressões lógicas.

Mintermo: Um mintermo é uma expressão booleana que representa uma combinação específica de variáveis de entrada que resulta em uma saída verdadeira (1). Cada mintermo é um produto (AND) de todas as variáveis de entrada, onde cada variável está presente em sua forma normal ou complementada, mas não em ambas. Por exemplo, para duas variáveis A e B, os mintermos são: $A'B'$, $A'B$, AB' e AB. Uma função booleana pode ser representada como uma soma (OR) de mintermos.

Tabela Verdade para Mintermos:

A	B	Mintermo \(m_0 \) (A'B')	Mintermo \(m_1 \) (A'B)	Mintermo \(m_2 \) (AB')	Mintermo \(m_3 \) (AB)
0	0	1	0	0	0
0	1	0	1	0	0
1	0	0	0	1	0
1	1	0	0	0	1

Maxtermo: Um maxtermo é uma expressão booleana que representa uma combinação específica de variáveis de entrada que resulta em uma saída falsa (0). Cada maxtermo é uma soma (OR) de todas as variáveis de entrada, onde cada variável está presente em sua forma normal ou complementada, mas não em ambas. Para as variáveis A e B, os maxtermos são: $A+B$, $A+B'$, $A'+B$ e $A'+B'$. Uma função booleana pode ser representada como um produto (AND) de maxtermos.

Tabela Verdade para Maxtermos:

A	B	Maxtermo \(M_0 \) (A+B)	Maxtermo \(M_1 \) (A+B')	Maxtermo \(M_2 \) (A'+B)	Maxtermo \(M_3 \) (A'+B')
0	0	0	1	1	0
0	1	1	0	0	1
1	0	1	0	0	1
1	1	0	1	1	0

Em resumo, enquanto mintermos são produtos de variáveis que resultam em uma saída verdadeira, maxtermos são somas de variáveis que resultam em uma saída falsa. Ambos são ferramentas valiosas na simplificação e representação de funções booleanas.

6.6 SIMPLIFICAÇÃO POR MAPAS DE VEITCH-KARNAUGH

Os Mapas de Veitch-Karnaugh (também conhecidos apenas como Mapas de Karnaugh) são uma técnica gráfica utilizada para simplificar expressões booleanas. Eles são especialmente úteis para visualizar e minimizar funções booleanas de 2 a 6 variáveis. Ao usar esses mapas, é possível identificar e agrupar termos que podem ser combinados, resultando em uma expressão simplificada.

6.6.1 Mapas de Karnaugh com 2 variáveis

Antes de entrarmos no Mapa de Karnaugh de 2 variáveis, é essencial entendermos dois conceitos fundamentais: Produto das Somas e Soma dos Produtos.

Produto das Somas (POS): É uma forma de representar expressões booleanas onde temos uma série de somas (ORs) que são multiplicadas (ANDs) entre si. Por exemplo, a expressão **(A + B) . (C + D)** é um Produto das Somas.

Soma dos Produtos (SOP): É uma forma de representar expressões booleanas onde temos uma série de produtos (ANDs) que são somados (ORs) entre si. Por exemplo, a expressão **A.B + C.D** é uma Soma dos Produtos.

Para este exemplo, vamos considerar a Soma dos Produtos.

Expressão a ser simplificada: $f(A,B)=A.B'+A'.B$

Tabela Verdade:

A	B	Saída (f)
0	0	0
0	1	1
1	0	1
1	1	0

Mapa de Karnaugh de 2 variáveis:

	0	1
0	0	1
1	1	0

Neste mapa, as linhas representam a variável A e as colunas representam a variável B.

Enlaces: Os enlaces no Mapa de Karnaugh são grupos de 1s que podem ser agrupados juntos para simplificar a expressão. Para um mapa de 2 variáveis, temos os seguintes tipos de enlaces:

1. Enlace de 1 célula
2. Enlace de 2 células adjacentes horizontalmente
3. Enlace de 2 células adjacentes verticalmente

Simplificação: No nosso exemplo, temos dois enlaces de 2 células:

1. Enlace vertical na coluna B=0: Representa $A'.B'$
2. Enlace horizontal na linha A=0: Representa $'A.B'$

A expressão simplificada é: $'f(A,B)=A'.B'+A.B'$

Conclusão: O Mapa de Karnaugh é uma ferramenta gráfica que nos ajuda a simplificar expressões booleanas. Ao agrupar os 1s em enlaces, podemos reduzir o número de termos na expressão, tornando-a mais simples e eficiente.

6.6.2 Mapa de Karnaugh com 3 variáveis

Vamos criar um exemplo para três variáveis usando o Mapa de Karnaugh:

Expressão a ser simplificada:

$f(A,B,C)=A.B'.C+A'.B.C'+A.B.C'$

Tabela Verdade:

A	B	C	Saída
0	0	0	0
0	0	1	0
0	1	0	1
0	1	1	0
1	0	0	0
1	0	1	1
1	1	0	1
1	1	1	0

Mapa de Karnaugh de 3 variáveis:

	C=0	C=1
A=0,B=0	0	0
A=0,B=1	1	0
A=1,B=0	0	1
A=1,B=1	1	0

Neste mapa:

- As linhas representam as combinações das variáveis A e B.
- As colunas representam a variável C.

Enlaces:

1. Enlace de 1 célula.
2. Enlace de 2 células adjacentes horizontalmente.

3. Enlace de 2 células adjacentes verticalmente.
4. Enlace de 4 células formando um quadrado.

Simplificação:

No nosso exemplo, temos os seguintes enlaces:

1. Enlace de 2 células na linha A=0,B=1 e coluna C=0: Representa $A'.B.C'$.
2. Enlace de 2 células na linha A=1,B=0 e coluna C=1: Representa $A.B'.C$.
3. Enlace de 2 células na linha A=1,B=1 e coluna C=0: Representa $A.B.C'$.

A expressão simplificada é: $f(A,B,C)=A'.B.C'+A.B'.C+A.B.C'$

Conclusão:

O Mapa de Karnaugh para três variáveis nos permite visualizar e simplificar expressões booleanas de maneira mais eficiente. Ao agrupar os 1s em enlaces, podemos reduzir o número de termos na expressão, tornando-a mais simples.

Neste exemplo a combinação das saídas da tabela verdade e da tabela de Karnaugh coincidiram, então agora para que possamos observar a real vantagem da simplificação por meio da tabela de Karnaugh devemos considerar o exemplo a seguir.

6.6.3 Mapa de Karnaugh com 4 variáveis

Vamos considerar um exemplo com quatro variáveis para o Mapa de Karnaugh.

Expressão a ser simplificada:

$$f(A,B,C,D)=A'B'CD+AB'CD'+ABC'D+AB'CD+A'BCD'$$

Tabela Verdade:

A	B	C	D	Saída (f)
0	0	0	0	0
0	0	0	1	0
0	0	1	0	0
0	0	1	1	1
0	1	0	0	0
0	1	0	1	0
0	1	1	0	0
0	1	1	1	1
1	0	0	0	0
1	0	0	1	0
1	0	1	0	1
1	0	1	1	1
1	1	0	0	0
1	1	0	1	0
1	1	1	0	1
1	1	1	1	0

Mapa de Karnaugh de 4 variáveis:

	C'D'	C'D	CD	CD'
A'B'	0	0	1	0
A'B	0	0	1	0
AB'	0	1	1	1
AB	0	0	1	0

Neste mapa:

- As linhas representam as combinações das variáveis A e B.
- As colunas representam as combinações das variáveis C e D.

Enlaces:

1. Enlace de 1 célula.
2. Enlace de 2 células adjacentes horizontalmente.
3. Enlace de 2 células adjacentes verticalmente.
4. Enlace de 4 células formando um quadrado.

Simplificação:

No nosso exemplo, temos os seguintes enlaces:

1. Enlace de 4 células cobrindo AB'CD, AB'CD', ABCD e A'B'CD: Representa B'D.

2. Enlace de 2 células cobrindo AB'CD e ABC'D: Representa AB'C.

A expressão simplificada é: $f(A,B,C,D)=B'D+AB'C$

Conclusão: O Mapa de Karnaugh para quatro variáveis, assim como para três, permite uma visualização clara e uma simplificação eficiente de expressões booleanas. Ao agrupar os 1s em enlaces, a expressão booleana pode ser significativamente reduzida, tornando a implementação do circuito mais simples e eficiente. Neste exemplo, a combinação das saídas da tabela verdade e da tabela de Karnaugh foi simplificada de cinco termos para apenas dois.

6.7 CIRCUITOS COMBINACIONAIS DEDICADOS

Circuitos

Os circuitos combinacionais dedicados são blocos de construção essenciais em sistemas digitais. Eles são projetados para realizar funções específicas sem a necessidade de memória ou elementos de armazenamento. Ao contrário dos circuitos sequenciais, que têm uma saída dependente de estados anteriores, os circuitos combinacionais têm saídas que dependem apenas das entradas atuais. Vamos explorar alguns dos circuitos combinacionais dedicados mais comuns:

6.7.1 Codificadores

Um codificador é um circuito combinacional especializado que tem a função de transformar informações de várias entradas em um código binário na saída. Vamos detalhar mais sobre sua estrutura e funcionamento:

Funcionamento Básico:

O principal objetivo de um codificador é reduzir o número de bits necessários para representar uma entrada. Ele faz isso ao converter uma entrada específica em um código binário correspondente.

Conceito	Descrição
Funcionamento	Converte informações de várias entradas em um código binário na saída.
Objetivo	Reduzir o número de bits necessários para representar uma entrada.

Entrada e Saída:

Considerando o exemplo do codificador de 8 para 3 bits: Este codificador tem 8 linhas de entrada (podendo ser representadas por números de 0 a 7) e 3 linhas de saída. Cada uma das 8 entradas possíveis é mapeada para um código binário específico de 3 bits na saída. Por exemplo, se a quinta entrada (representada pelo número 4) for ativada, a saída será o código binário correspondente a 4, que é 100.

Entrada (Decimal)	Entrada Ativada	Saída (Binário)
0	10000000	000
1	01000000	001
2	00100000	010
3	00010000	011
4	00001000	100
5	00000100	101
6	00000010	110
7	00000001	111

A seguir podemos observar o codificador por meio de um diagrama de blocos.

Figura 1 - Diagrama representando um codificador

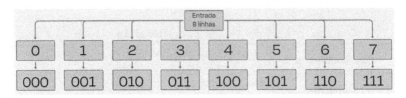

Fonte: Próprio autor

Aplicações Práticas:

Teclados: Um exemplo clássico de uso de codificadores é em teclados de computador. Quando uma tecla é pressionada, o codificador gera um código binário específico para aquela tecla, que é então enviado ao computador

Aplicação	Descrição
Teclados	Gera um código binário específico para cada tecla pressionada.
Sistemas de Controle	Converte o sinal de sensores em códigos binários para processamento.

Sistemas de Controle: Em sistemas de controle, onde vários sensores podem enviar sinais, um codificador pode ser usado para converter o sinal de cada sensor em um código binário, facilitando o processamento e a análise.

Tipos de Codificadores:

Codificador Binário: Este é o tipo mais comum, onde as entradas são codificadas em sequências binárias padrão.

Tipo	Descrição
Codificador Binário	Codifica entradas em sequências binárias padrão.
Codificador de Prioridade	Decide qual entrada considerar com base em uma hierarquia predefinida quando múltiplas entradas estão ativas.

Codificador de Prioridade: Em situações em que mais de uma entrada pode estar ativa ao mesmo tempo, o codificador de prioridade decide qual entrada deve ser considerada com base em uma hierarquia predefinida.

Vantagens:

Eficiência: Os codificadores ajudam a reduzir a quantidade de dados transmitidos, economizando largura de banda e espaço de armazenamento.

Padronização: Eles garantem que os dados sejam transmitidos em um formato padrão, facilitando a comunicação entre diferentes dispositivos e sistemas.

Vantagem	Descrição
Eficiência	Reduz a quantidade de dados transmitidos.
Padronização	Garante a transmissão de dados em um formato padrão.

Conclusão:

Os codificadores desempenham um papel crucial na conversão de informações em códigos binários, permitindo uma comunicação e processamento de dados mais eficientes em sistemas digitais. Seja em dispositivos simples, como teclados, ou em sistemas complexos de controle e automação, os codificadores garantem que os dados sejam representados de forma compacta e padronizada.

Decodificadores:

Um decodificador é um dispositivo combinacional que realiza a operação inversa de um codificador. Enquanto um codificador converte várias entradas em um código binário, um decodificador aceita um código binário e ativa uma saída específica.

Conceito	Descrição
Funcionamento	Recebe um código binário e ativa a saída correspondente.
Objetivo	Ativar uma única saída com base no código binário de entrada.

Decodificador de 2 para 4 bits

Este é um exemplo comum de decodificador. Ele aceita uma entrada de 2 bits e ativa uma das 4 saídas possíveis.

Entrada (Binário)	Saídas	Saída Ativada
00	1000	Saída 1
01	0100	Saída 2
10	0010	Saída 3
11	0001	Saída 4

Representação Gráfica de um Decodificador de 2 para 4 bits

Figura 2 - Diagrama representando um decodificador de 2 para 4 bits

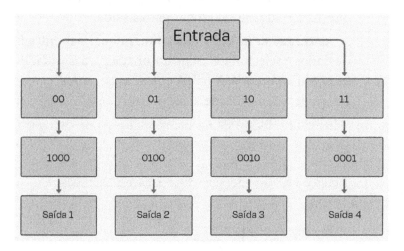

Fonte: Próprio autor

Multiplexadores (MUX):

Um multiplexador, muitas vezes abreviado como MUX, pode ser visualizado como uma espécie de "interruptor eletrônico" que pode escolher entre várias entradas e direcionar a entrada selecionada para uma única saída.

Funcionamento Básico:

Imagine que você tenha várias linhas de entrada, mas apenas uma linha de saída e queira controlar qual linha de entrada é conectada a essa saída em um determinado momento. Esse é o papel principal de um MUX.

Entradas de Dados e de Seleção:

- Um MUX tem duas categorias principais de entradas: as entradas de dados e as entradas de seleção.
- As **entradas de dados** são as linhas que contêm os dados que você pode querer enviar para a saída.
- As **entradas de seleção** determinam qual das entradas de dados é selecionada e encaminhada para a saída. Por exemplo, se um MUX tem 4 entradas de dados, ele precisará de 2 entradas de seleção (porque 2^2 = 2) para selecionar entre essas 2 entradas.

Figura 3 Multiplexador com duas variáveis de seleção

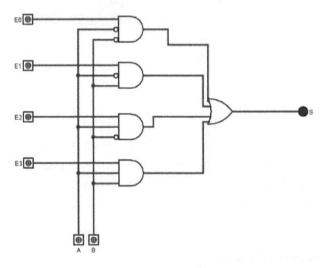

Fonte: Próprio autor

Suponhamos que as variáveis de entrada E0, E1, E2 e E3 equivalem respectivamente aos canais Globo, SBT, Record e Band, sendo as A e B (variáveis de seleção) o seletor da televisão e S a tela do televisor. Basta alterar a posição (combinação) de A e B para alterar o canal de entrada para a Saída S (tela da tv). Mas como ficaria a tabela verdade do circuito anterior. Na realidade é muito simples, basta que criemos as combinações possíveis para as variáveis de seleção, combinando com as entradas respectivas.

Quadro 1 - quadro representando a multiplexador

VARIÁVEIS DE SELEÇÃO		
A	B	ENTRADAS
0	0	E0
0	1	E1
1	0	E2
1	1	E3

Fonte: Próprio autor

Aplicações:

- MUXs são extremamente úteis em sistemas onde várias fontes de dados precisam ser transmitidas sequencialmente ao longo de um único canal ou linha. Isso economiza largura de banda e recursos, pois não é necessário ter um canal separado para cada fonte de dados.
- Eles também são frequentemente usados em circuitos lógicos e sistemas digitais para controlar o fluxo de dados e realizar operações condicionais.

Exemplo Prático:

- Pense em um MUX como um gerente de *call center* que pode receber chamadas de vários clientes, mas só pode falar com um cliente de cada vez. O gerente usa um sistema (as entradas de seleção) para determinar com qual cliente ele deve falar em um determinado momento.

Em resumo, um Multiplexador é uma ferramenta essencial em eletrônica e comunicações digitais, permitindo que sistemas complexos funcionem de maneira eficiente e organizada.

6.7.2 Demultiplexadores (DEMUX)

Um demultiplexador é um dispositivo usado em sistemas digitais para realizar a função oposta de um multiplexador (MUX). Enquanto um MUX pega várias entradas e as converte em uma única saída, um DEMUX faz o contrário: pega uma única entrada e a distribui para uma das várias saídas possíveis.

Funcionamento Básico:

1. **Entrada Única**: O DEMUX tem uma linha de entrada principal onde o sinal ou dado é fornecido.
2. **Código de Seleção**: Além da entrada principal, o DEMUX também tem entradas adicionais conhecidas como linhas de seleção. Estas linhas de seleção determinam para qual saída o sinal de entrada será direcionado.
3. **Várias Saídas**: Com base no código de seleção, o sinal de entrada é direcionado para uma das várias saídas. Em qualquer momento, apenas uma das saídas é ativada, enquanto todas as outras permanecem desativadas.

Figura 4 - Demultiplexador com duas variáveis de controle

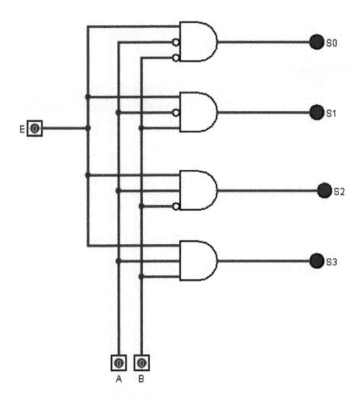

Fonte: Próprio autor

O circuito funciona como representado no quadro a seguir.

Quadro 2 - Funcionamento do Demultiplexador

VARIÁVEIS DE SELEÇÃO					
A	B	S0	S1	S2	S3
0	0	E	0	0	0
0	1	0	E	0	0
1	0	0	0	E	0
1	1	0	0	0	E

Fonte: Próprio autor

Aplicações:

- **Sistemas de Comunicação:** Como mencionado, os DEMUXs são frequentemente usados em sistemas de comunicação. Por exemplo, em uma transmissão de dados, um sinal pode ser enviado para um destino específico entre vários possíveis. O DEMUX ajuda a direcionar esse sinal para o destino correto com base no código de seleção.
- **Expansão de Saídas:** Em sistemas digitais, às vezes, há uma necessidade de expandir o número de saídas. Um DEMUX pode ser usado para converter uma única linha de saída de um microcontrolador ou outro dispositivo em várias linhas de saída.
- **Roteamento de Sinais:** Em sistemas de áudio e vídeo, um DEMUX pode ser usado para direcionar um sinal específico para um dispositivo específico. Por exemplo,

em um sistema de *home theater*, um DEMUX pode direcionar o áudio para um alto-falante específico com base no canal de entrada.

Exemplo Simples:

Imagine que você tenha um controle remoto que pode controlar vários dispositivos em sua casa, como TV, ar-condicionado e luzes. Quando você pressiona um botão no controle remoto, ele envia um sinal específico para um DEMUX. O DEMUX, então, com base no botão que você pressionou (que atua como um código de seleção), direciona esse sinal para o dispositivo correspondente, ativando ou desativando-o.

Em resumo, um demultiplexador é uma ferramenta essencial em sistemas digitais e de comunicação, permitindo o roteamento eficiente de sinais para destinos específicos com base em códigos de seleção.

Comparadores:

Um comparador é um dispositivo eletrônico que, como o nome sugere, compara dois valores binários e determina a relação entre eles. Ele avalia se um número é maior que, menor que ou igual ao outro número.

Funcionamento Básico:

1. **Entradas:** O comparador tem duas entradas principais, geralmente denominadas A e B. Cada uma dessas entradas pode ser um número binário de n-bits.

2. **Saídas**: Com base na comparação das entradas, o comparador fornece várias saídas:

   - Uma saída que indica se A é igual a B (denominada saída EQ ou EQUAL).
   - Uma saída que indica se A é maior que B (denominada saída GT ou GREATER THAN).
   - Uma saída que indica se A é menor que B (denominada saída LT ou LESS THAN).

3. **Operação**: O comparador começa comparando o bit mais significativo (MSB) de ambas as entradas. Se os MSBs forem diferentes, ele pode determinar imediatamente qual número é maior. Se os MSBs forem iguais, ele passa para o próximo bit e assim por diante, até que encontre bits diferentes ou até que todos os bits sejam comparados.

Aplicações:

- **Operações Aritméticas**: Em unidades aritméticas e lógicas (ALUs) de computadores e calculadoras, os comparadores são usados para realizar operações de subtração. Ao comparar dois números, a ALU pode determinar se a subtração resultará em um número negativo, positivo ou zero.

- **Sistemas de Controle**: Em sistemas de controle automático, os comparadores são usados para comparar o valor atual de uma variável com um valor desejado ou de referência. Com base nessa comparação, o sistema pode tomar decisões para aumentar, diminuir ou manter a variável.

- **Ordenação de Dados:** Em algoritmos de ordenação, os comparadores são usados para determinar a ordem de dois elementos. Isso é repetido várias vezes para classificar uma lista de números.

- **Decisões Lógicas:** Em muitos circuitos digitais e sistemas de controle, decisões lógicas são tomadas com base na comparação de valores. Por exemplo, um termostato pode comparar a temperatura atual com a temperatura desejada e decidir se deve ligar ou desligar o aquecimento.

Exemplo Simplo:

Imagine que você tem um termostato que deseja manter a temperatura da sua casa em 22°C. O termostato lê a temperatura atual da sala, digamos 20°C, e a compara com a temperatura desejada usando um comparador. O comparador determina que 20°C é menor que 22°C e, portanto, ativa o aquecimento para aumentar a temperatura da sala.

Em resumo, um comparador é um componente essencial em muitos sistemas eletrônicos e digitais, permitindo comparações rápidas e eficientes entre valores e facilitando a tomada de decisões com base nesses resultados.

Somadores e Subtratores:

Somadores e subtratores são circuitos combinacionais que, como os nomes sugerem, são projetados para realizar operações aritméticas de adição e subtração, respectivamente, em números binários.

Somadores:

a. **Somador de 1 bit**: É o bloco de construção básico de um somador. Ele aceita dois bits de entrada e uma entrada de *carry* (vinda da adição de bits menos significativos) e produz uma soma e uma saída de *carry*.
b. **Somador Completo**: É um circuito que realiza a adição de três bits: dois bits de entrada e um bit de *carry* de entrada. Ele produz uma saída de soma e uma saída de *carry*.
c. **Somador em Cascata**: Para adicionar números binários com mais de um bit, vários somadores completos são conectados em cascata, com a saída de *carry* de um alimentando a entrada de *carry* do próximo.

Subtratores:

a. **Subtrator de 1 bit**: É o bloco de construção básico de um subtrator. Ele aceita dois bits de entrada e uma entrada de *borrow* (emprestado da subtração de bits menos significativos) e produz uma diferença e uma saída de *borrow*.
b. **Subtrator Completo**: É um circuito que realiza a subtração de três bits: dois bits de entrada e um bit de *borrow* de entrada. Ele produz uma saída de diferença e uma saída de *borrow*.
c. **Subtrator em Cascata**: Semelhante ao somador em cascata, para subtrair números binários com mais de um bit, vários subtratores completos são conectados em cascata.

Aplicações e Importância:

- **Unidades Aritméticas e Lógicas (ALUs):** A ALU é o componente central de um microprocessador e é responsável por realizar todas as operações aritméticas e lógicas. Somadores e subtratores são componentes essenciais de uma ALU.

- **Operações Matemáticas:** Além da adição e subtração básicas, somadores e subtratores são usados em operações mais complexas, como multiplicação e divisão, que são realizadas através de múltiplas adições e subtrações.

- **Conversão de Números:** Somadores e subtratores são usados em circuitos que convertem números entre diferentes bases, como binário para decimal e vice-versa.

- **Contadores:** Somadores são usados em contadores para incrementar o valor atual.

Exemplo Simplo:

Imagine que você tem um microcontrolador que precisa calcular a distância total percorrida por um robô. A cada passo que o robô dá, o microcontrolador usa um somador para adicionar a distância do passo à distância total anteriormente calculada. Se o robô recuar, o microcontrolador usa um subtrator para subtrair a distância do passo da distância total.

Em resumo, somadores e subtratores são componentes essenciais em sistemas digitais, permitindo a realização de operações aritméticas fundamentais que são a base de muitas funções mais complexas.

Conclusão:

Os circuitos combinacionais dedicados desempenham um papel crucial na otimização e eficiência dos sistemas digitais. Eles permitem a realização de operações específicas de maneira compacta e eficiente, sem a necessidade de programação ou lógica complexa. Seja em operações simples, como codificação e decodificação, ou em tarefas mais complexas, como aritmética e seleção de dados, esses circuitos são os pilares dos sistemas digitais modernos.

6.8 CLOCKS EM CIRCUITOS DIGITAIS

Clocks são sinais periódicos que ajudam a sincronizar a operação de circuitos digitais. Eles são essenciais para o funcionamento de muitos sistemas digitais, especialmente circuitos sequenciais, como flip-flops, contadores e registradores. No entanto, eles também podem ter aplicações em circuitos combinacionais.

O que é um Clock?

Um *clock* é um sinal elétrico que oscila entre um estado alto e um estado baixo, geralmente em um padrão regular e previsível. Esta oscilação é frequentemente referida como um "pulso" ou "ciclo". A frequência do *clock* indica quantos ciclos ocorrem em um segundo e geralmente é medida em Hertz (Hz).

Clocks em Circuitos Combinacionais:

Embora os circuitos combinacionais, por definição, produzam uma saída baseada apenas em suas entradas atuais (e não em entradas anteriores ou em estados anteriores, como os circuitos sequenciais), os *clocks* ainda podem ter um papel em algumas situações:

1. **Sincronização**: Em sistemas complexos, pode haver muitos circuitos combinacionais operando em paralelo. Um *clock* pode ser usado para garantir que todos esses circuitos processem suas entradas e atualizem suas saídas ao mesmo tempo.

2. **Debouncing**: Em aplicações onde um circuito combinacional está lendo a entrada de um botão ou interruptor, o sinal de entrada pode "quicar" rapidamente entre alto e baixo quando o botão é pressionado ou liberado. Um *clock* pode ser usado para amostrar essa entrada em intervalos regulares e evitar leituras falsas.

3. **Pipeline**: Em operações de processamento de dados de alta velocidade, os dados podem ser processados em estágios, com cada estágio sendo um circuito combinacional. Um *clock* pode ser usado para mover dados de um estágio para o próximo em cada ciclo de *clock*.

4. **Temporização**: Em algumas aplicações, pode ser necessário introduzir um atraso deliberado na operação de um circuito combinacional. Um *clock* pode ser usado para controlar esse atraso.

Importância dos Clocks:

- **Previsibilidade**: O uso de *clocks* garante que o sistema opere de maneira previsível e controlada. Isso é crucial para muitas aplicações, especialmente aquelas que requerem operações em tempo real.

- **Integração**: Em sistemas digitais complexos, muitos componentes diferentes precisam trabalhar juntos de forma harmoniosa. Os *clocks* garantem que todos os componentes operem em sincronia.

- **Desempenho**: A frequência do *clock* (quantos ciclos ele tem por segundo) é frequentemente usada como uma medida do desempenho de um sistema digital. Um *clock* mais rápido pode permitir que o sistema processe dados mais rapidamente, mas também pode apresentar desafios em termos de design e dissipação de calor.

Em resumo, enquanto os *clocks* são mais comumente associados a circuitos sequenciais, eles têm uma variedade de aplicações úteis em circuitos combinacionais e são fundamentais para o funcionamento eficiente e previsível de muitos sistemas digitais.

A integração de flip-flops em circuitos combinacionais pode expandir a funcionalidade e permitir a implementação de operações mais complexas.

6.9 CIRCUITOS SEQUENCIAIS (FLIP-FLOPS)

Os **circuitos sequenciais** são uma extensão dos circuitos combinacionais, onde a saída não depende apenas das entradas atuais, mas também de seu estado anterior. A capacidade de "lembrar" é fornecida por dispositivos chamados **flip-flops**.

O que são Flip-Flops?

Um flip-flop é um dispositivo de armazenamento binário que retém um bit de informação. Ele tem duas saídas estáveis e pode ser usado para armazenar um estado: 0 ou 1. Existem vários tipos de flip-flops, cada um com suas características e aplicações específicas.

Tabela: Descrição dos Tipos Comuns de Flip-Flops

Tipo	Entradas	Descrição	Aplicação
SR	Set, Reset	Define ou reseta o estado.	Armazenamento básico
D	Data	Transfere o estado da entrada para a saída no próximo pulso de *clock*.	Registradores
JK	J, K	Combinação de set e reset. Se ambas as entradas estiverem ativas, o estado atual será invertido.	Contadores e armazenamento mais complexo
T	Toggle	Inverte o estado atual quando ativado.	Contadores de bit único

O Flip-Flop SR (Set-Reset) é um dispositivo de armazenamento binário fundamental que tem a capacidade de reter um dos dois estados possíveis, representados por 1 e 0. Ele opera com duas entradas principais: S (Set) para definir o estado e R (Reset) para redefinir o estado. Dependendo das combinações dessas entradas, a saída Q pode ser definida (1), redefinida (0) ou mantida em seu estado anterior. Por exemplo, quando a entrada Set é ativada (S=1) e a entrada Reset está desativada (R=0), a saída Q é definida como 1. Inversamente, quando a entrada Reset é ativada (R=1) e Set está desativada (S=0), a saída Q é redefinida para 0. Há também condições em que ambas as entradas são 0 ou 1, que podem ser consideradas estados inválidos ou de manutenção, dependendo do design específico do Flip-Flop SR. Este dispositivo é crucial em muitos sistemas digitais, permitindo o armazenamento temporário e o controle de bits de informação.

Flip-Flop SR

S	R	Q (Saída)	Q' (Saída Complementar)	Descrição
0	0	-	-	Estado inválido (não muda)
0	1	0	1	Reset (Q é definido como 0)
1	0	1	0	Set (Q é definido como 1)
1	1	0	0	Estado inválido (ambas as saídas são 0)

- Quando ambas as entradas S e R são 0, o flip-flop mantém seu estado anterior. No entanto, esta é uma condição não recomendada para alguns designs de flip-flops SR, pois pode levar a estados indeterminados.
- Quando S é 1 e R é 0, Q é definido como 1 (Set).
- Quando S é 0 e R é 1, Q é definido como 0 (Reset).
- Quando ambas as entradas S e R são 1, é uma condição inválida para o flip-flop SR clássico. Em alguns designs, isso pode resultar em ambas as saídas sendo 0, enquanto em outros pode levar a comportamentos indeterminados.

Nota: A representação acima é para um Flip-Flop SR básico. Existem variações deste design que podem se comportar de maneira ligeiramente diferente em certas condições.

Observe o circuito a seguir:

Figura 5 Flip Flop RS

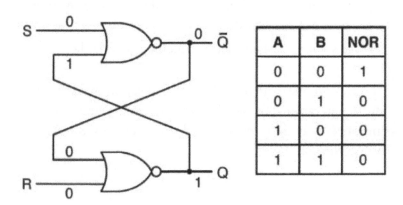

Fonte: (TODD e TANENBAUM, 2013)

Flip Flop D:

O Flip-Flop D (*Data* ou *Delay*) é um tipo de flip-flop que tem uma entrada de dados (D) e uma entrada de *clock* (CLK). Quando o *clock* é ativado (geralmente na borda de subida), o valor da entrada D é transferido para a saída Q. A saída Q' é sempre o inverso de Q. Aqui está a tabela verdade para o Flip-Flop D:

Entrada D	Clock (CLK)	Saída Q	Saída Q'
0	↑ (Borda de subida)	0	1
1	↑ (Borda de subida)	1	0
x (não importa)	↓ (Borda de descida ou estado baixo)	Q (anterior)	Q' (anterior)

Notas:

- A saída Q só muda quando há uma borda de subida no *clock* (CLK).

- Se a entrada D mudar enquanto o *clock* estiver em estado baixo ou em uma borda de descida, a saída Q não mudará até a próxima borda de subida do *clock*.
- A saída Q' é sempre o complemento da saída Q.

O Flip-Flop D é útil quando você deseja armazenar um valor binário e garantir que ele só mude em momentos específicos (sincronizado com o *clock*). É frequentemente usado em registros e memórias.

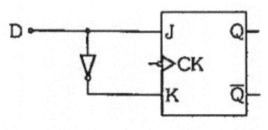

(LOURENÇO, CRUZ, *et al.*, 2014)

Flip Flop JK:

O Flip-Flop JK é um dispositivo de armazenamento binário que tem a capacidade de manter ou alterar seu estado em resposta a entradas específicas. A tabela verdade apresentada descreve o comportamento deste circuito em relação às suas entradas e saídas. As entradas J e K, juntamente com o estado anterior da saída Q, determinam o estado subsequente de Q após uma borda de subida do *clock*. Por exemplo, se ambas as entradas J e K estiverem em '0', o estado de Q permanecerá inalterado, independentemente de seu estado anterior. No entanto, se J estiver em '1' e K em '0', Q será setado para '1'. Da mesma forma, com J em '0' e K em '1', Q será resetado para '0'. A combinação única de J=1 e K=1 faz com que o estado de Q troque, ou seja, se Q era '0', ele se tornará '1' e vice-versa. Esta capacidade de trocar estados torna o Flip-Flop JK uma ferramenta versátil em design de circuitos digitais, especialmente em contadores e registradores de deslocamento.

Entrada J	Entrada K	Estado Q Anterior	Saída Q (após a borda de subida)	Saída Q' (após a borda de subida)
0	0	0	0	1
0	0	1	1	0
0	1	0	0	1
0	1	1	0	1
1	0	0	1	0
1	0	1	1	0
1	1	0	1	0
1	1	1	0	1

Legenda:

- Estado Q Anterior: Estado da saída Q antes da borda de subida atual do *clock*.
- Saída Q' é sempre o inverso de Q.
- No Flip-Flop JK:
- Quando J=0 e K=0, a saída Q mantém seu estado anterior.
- Quando J=0 e K=1, a saída Q é resetada (torna-se 0).
- Quando J=1 e K=0, a saída Q é setada (torna-se 1).
- Quando J=1 e K=1, a saída Q troca seu estado (se era 0 torna-se 1, e vice-versa).

Figura 6 Flip Flop JK

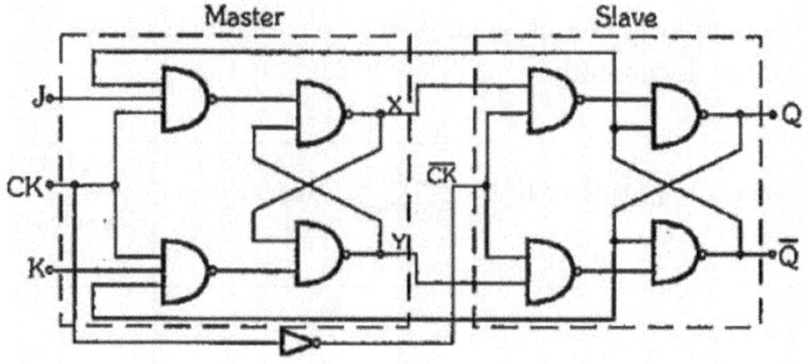

Fonte: (TODD e TANENBAUM, 2013)

Flip Flop T:

O Flip-Flop T (*Toggle*) é uma variação simplificada do Flip-Flop JK. Ele possui uma única entrada de controle chamada "*Toggle*" (T). Quando a entrada T está em '1', o Flip-Flop alterna seu estado na próxima borda de subida do *clock*. Se T estiver em '0', o estado do Flip-Flop permanece inalterado.

Aqui está a tabela verdade para o Flip-Flop T:

Clock (C)	Entrada T	Estado Anterior Q(t)	Estado Posterior Q(t+1)
↑	0	0	0
↑	0	1	1
↑	1	0	1
↑	1	1	0

Explicação:

- Quando a entrada T é '0', o estado de Q não muda, independentemente de seu estado anterior.
- Quando a entrada T é '1' e o estado anterior de Q é '0', Q muda para '1' na próxima borda de subida do *clock*.
- Quando a entrada T é '1' e o estado anterior de Q é '1', Q muda para '0' na próxima borda de subida do *clock*.

O Flip-Flop T é frequentemente usado em contadores binários, pois sua capacidade de alternar estados é útil para incrementar valores binários.

Figura 6 Flip Flop T

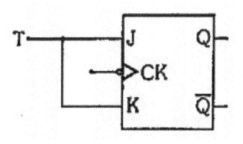

Fonte: (TODD e TANENBAUM, 2013)

Benefícios de usar Flip-Flops em Circuitos:

1. **Armazenamento de Estado**: Permite que os circuitos "lembrem" seu estado anterior, possibilitando a criação de sistemas como contadores e registradores.
2. **Sincronização**: Garante que diferentes partes do sistema operem em harmonia, especialmente em sistemas digitais onde o *timing* é crucial.

3. **Debouncing**: Estabiliza entradas "ruidosas", como as de um botão que pode oscilar quando pressionado.
4. **Implementação de Máquinas de Estado**: Essenciais para sistemas que mudam de estado em resposta a entradas e condições atuais.

Em resumo, os flip-flops são fundamentais em circuitos sequenciais. Quando integrados a circuitos combinacionais, eles expandem a funcionalidade e permitem a implementação de operações mais complexas.

CAPÍTULO 7:
CONTADORES, REGISTRADORES E MÁQUINAS DE ESTADO (MOORE E MEALY)

7.1 INTRODUÇÃO

Os circuitos digitais não se limitam apenas a operações lógicas e aritméticas. Eles também têm a capacidade de armazenar e manipular informações. Neste capítulo, exploraremos contadores, registradores e máquinas de estado, que são componentes essenciais em muitos sistemas digitais.

7.2 CONTADORES

7.2.1 Definição

Um contador é um dispositivo especializado dentro do mundo dos circuitos digitais. Ele opera de maneira sequencial, o que significa que sua saída em qualquer momento depende não apenas de suas entradas atuais, mas também de seus estados anteriores. Isso o diferencia dos circuitos combinacionais, cujas saídas dependem apenas das entradas atuais.

A principal função de um contador é "contar" ou registrar o número de pulsos de entrada que recebe. Cada pulso faz com que o contador avance para o próximo estado em sua sequência. Esta sequência é geralmente predeterminada e pode ser programada ou definida pelo design do contador.

Vamos quebrar a definição:

- **Circuito Sequencial:** Ao contrário de um circuito combinacional, onde a saída é uma função direta da entrada, em um circuito sequencial, a saída depende da entrada atual e do estado anterior. Isso é possível devido à presença de elementos de memória, como flip-flops, no circuito.
- **Sequência Predeterminada de Estados:** Um contador tem uma série definida de estados pelo qual passa. Por exemplo, um contador binário de 2 bits terá uma sequência de estados: 00, 01, 10, 11. A sequência é "predeterminada" porque é definida pelo design do contador e não muda a menos que o design seja alterado.
- **Pulsos de Entrada:** Estes são os sinais que instruem o contador a avançar para o próximo estado. Cada vez que um pulso é recebido, o contador avança para o próximo estado em sua sequência. Por exemplo, se um contador binário de 2 bits estiver atualmente no estado "01" e receber um pulso de entrada, ele avançará para o estado "10".

Em aplicações práticas, os contadores são usados em uma variedade de sistemas digitais, desde simples tarefas de contagem, como manter o controle do número de vezes que um evento ocorre, até tarefas mais complexas, como dividir a frequência de um sinal ou controlar a sequência de operações em um sistema.

7.2.2 Tipos de Contadores

Contadores Binários:

Estes são os contadores mais básicos e comuns em sistemas digitais. Eles contam em sequência binária, começando de 0 e indo até um valor máximo determinado pelo número de bits. Por exemplo, um contador binário de 3 bits contará de 000 a 111 em binário, que é 0 a 7 em decimal.

Contadores Decimais:

Também conhecidos como contadores BCD (*Binary-Coded Decimal*), estes contadores têm uma sequência que vai de 0000 a 1001 em binário, que é 0 a 9 em decimal. Após atingir o número 9, o contador retorna a 0. Eles são úteis em sistemas onde a contagem decimal é necessária, como em *displays* de sete segmentos.

Contadores Ascendentes e Descendentes:

- **Contadores Ascendentes:** Estes são os contadores Padrão que começam de um valor mínimo e vão até um valor máximo. Por exemplo, um contador ascendente de 2 bits contará 00, 01, 10, 11.
- **Contadores Descendentes:** Estes contadores fazem o oposto dos ascendentes. Eles começam de um valor máximo e contam regressivamente até o valor mínimo. Usando o exemplo anterior de 2 bits, a sequência seria 11, 10, 01, 00.

Contadores Modulares:

Estes contadores têm uma contagem que não vai até o valor máximo possível para o número de bits disponíveis. Em vez disso, eles contam até um valor específico e depois retornam a zero. O valor até o qual eles contam é chamado de "módulo". Por exemplo, um contador modular-5 contará 0, 1, 2, 3, 4, e depois retornará a 0. Eles são frequentemente usados em situações em que uma contagem específica é necessária, e não simplesmente $2^n - 1$ (onde n é o número de bits).

Cada tipo de contador tem suas aplicações específicas em sistemas digitais. Por exemplo, contadores binários são frequentemente usados em divisores de frequência, enquanto contadores decimais podem ser usados em relógios digitais para representar os segundos ou minutos. Contadores modulares, por outro lado, são úteis em aplicações onde uma contagem específica, que não é uma potência de dois, é necessária.

7.2.3 Aplicações

Os contadores são componentes fundamentais em muitos sistemas eletrônicos devido à sua capacidade de representar e controlar sequências. Eles têm uma variedade de aplicações em diferentes campos. Aqui estão algumas das aplicações mais comuns:

Relógios Digitais:

Os relógios digitais usam contadores para manter o registro do tempo. Por exemplo, um contador pode ser configurado para contar de 0 a 59 para representar segundos e minutos. Quando o contador atinge 59 e recebe o próximo pulso, ele retorna a 0 e envia um pulso para o próximo contador que pode estar contando minutos ou horas. Esse encadeamento de contadores permite que o relógio conte segundos, minutos e horas.

Medidores de Frequência:

Um medidor de frequência determina a frequência de um sinal contando o número de pulsos ou ciclos do sinal em um intervalo de tempo específico. O contador é reiniciado a cada intervalo de tempo e a contagem é usada para determinar a frequência do sinal. Por exemplo, se um contador registra 1.000 pulsos em 1 segundo a frequência do sinal é de 1.000 Hz ou 1 kHz.

Sistemas de Memória:

Os contadores são usados em sistemas de memória, especialmente em memórias de acesso aleatório (RAM). Eles ajudam a gerar endereços sequenciais para ler ou escrever dados. Por exemplo, ao ler um bloco de dados da memória, um contador pode gerar endereços consecutivos para acessar cada local de memória em sequência.

Divisores de Frequência:

Em sistemas eletrônicos, muitas vezes é necessário dividir uma frequência alta em uma frequência mais baixa. Os contadores podem ser usados para esse propósito. Por exemplo, um contador pode ser configurado para produzir um pulso de saída a cada 10 pulsos de entrada, efetivamente dividindo a frequência de entrada por 10.

Sistemas de Controle e Automação:

Os contadores são usados em sistemas de controle para contar eventos ou objetos. Por exemplo, em uma linha de montagem, um contador pode ser usado para contar o número de produtos produzidos.

Estas são apenas algumas das muitas aplicações de contadores em sistemas eletrônicos. Devido à sua versatilidade e capacidade de representar e controlar sequências, os contadores são componentes indispensáveis em muitos designs de circuitos.

7.2.4 Como criar um circuito contador

a. **Escolha do Flip-Flop:**

O tipo de flip-flop usado determina a natureza do contador. Por exemplo, um contador binário pode ser construído usando flip-flops JK ou D.

b. **Configuração dos Flip-Flops:**

Os flip-flops são configurados de tal forma que a saída de um flip-flop serve como entrada de *clock* para o próximo. Isso é chamado de configuração em cascata.

c. **Uso de Portas Lógicas:**

As portas lógicas são usadas para controlar o comportamento dos flip-flops. Por exemplo, em um contador ascendente, as portas lógicas podem ser configuradas para incrementar o valor do contador a cada pulso de *clock*. Em um contador descendente, elas podem ser configuradas para decrementar o valor.

d. **Contador Mod-N (ou Contador Modular):**

Se você deseja que o contador conte até um número específico e depois retorne a zero (em vez de continuar contando indefinidamente), você pode usar portas lógicas adicionais para detectar quando o contador atinge esse número e então reiniciar o contador.

e. **Contadores Ascendentes e Descendentes:**

Para um contador ascendente, o valor aumenta a cada pulso de *clock*. Para um contador descendente, o valor diminui a cada pulso de *clock*. Isso é controlado pela forma como as portas lógicas são configuradas.

f. **Contadores Binários vs. Decimais:**

Um contador binário conta em base 2 (0, 1, 10, 11, 100, ...). 'Um contador decimal (ou BCD, *Binary-Coded Decimal*) conta em base 10 usando representação binária (0000, 0001, 0010, ... 1001). O último requer lógica adicional para garantir que ele conte apenas até 9 (1001) antes de retornar a 0.

g. **Feedback para Reset:**

Em muitos contadores, especialmente contadores modulares, a saída é alimentada de volta através de portas lógicas para resetar o contador quando ele atinge um valor específico.

Portas Lógicas Comuns em Contadores:

- **Portas AND:** Usadas para detectar condições específicas, como quando um contador binário de 3 bits atinge o valor "111".
- **Portas OR:** Usadas para combinar várias condições.
- **Portas NOT:** Usadas para inverter sinais, especialmente úteis em contadores descendentes.

Em resumo, um contador é uma combinação de flip-flops e portas lógicas. Os flip-flops mantêm o estado (valor) do contador, enquanto as portas lógicas determinam como esse valor muda em resposta aos pulsos de *clock*.

7.3 REGISTRADORES

7.3.1 Definição

Um **registrador** é basicamente um conjunto de flip-flops usados em paralelo para armazenar múltiplos bits de informação. Cada flip-flop em um registrador armazena um bit de dados. Assim, um registrador de *n*-bits é composto por n flip-flops.

Características Principais:

- **Capacidade de Armazenamento:** A capacidade de um registrador é determinada pelo número de flip-flops que ele contém. Por exemplo, um registrador de 8 bits pode armazenar 8 bits de dados, ou um *byte*.

- **Operações Básicas:** Os registradores podem realizar várias operações, como carregar dados, transferir dados, deslocar dados para a esquerda ou direita, e assim por diante.
- **Tipos de Registradores:** Existem diferentes tipos de registradores com base em suas funções, como registradores de acumulador, registradores de índice, registradores de base, registradores de instrução, entre outros.

Funcionalidade:

Os registradores são usados em uma variedade de aplicações dentro de um sistema digital:

1. **Armazenamento Temporário:** Durante o processamento de dados, os microprocessadores frequentemente precisam armazenar dados temporariamente. Os registradores fornecem essa capacidade.
2. **Transferência de Dados:** Os registradores também facilitam a transferência de dados entre diferentes partes de um sistema digital.
3. **Operações Aritméticas:** Em uma Unidade Lógica e Aritmética (ALU), os registradores armazenam operandos sobre os quais as operações aritméticas são realizadas.
4. **Deslocamento e Rotação:** Os registradores podem ser usados para operações de deslocamento e rotação, que são essenciais em operações como multiplicação e divisão.

Em resumo, um registrador é um componente vital que facilita o armazenamento e a manipulação de dados em sistemas digitais. Ele atua como uma ponte, permitindo que os dados sejam transferidos, processados e armazenados de forma eficiente.

7.3.2 Tipos de Registradores

Os registradores são componentes fundamentais em sistemas digitais, e sua funcionalidade varia de acordo com a aplicação específica para a qual são projetados. Vamos explorar os diferentes tipos de registradores mencionados:

1. Registradores de Deslocamento

- **Definição:** Os registradores de deslocamento são um tipo especial de registrador que permite a movimentação (ou "deslocamento") de bits dentro de seu armazenamento.

Funcionalidade:

- **Deslocamento à Esquerda:** Move todos os bits uma posição para a esquerda.
- **Deslocamento à Direita:** Move todos os bits uma posição para a direita.
- Em ambos os casos, o bit vago é preenchido com um valor predeterminado, que pode ser 0, 1 ou o valor do bit adjacente.

Aplicações:

Multiplicação e divisão binária rápida.

Conversão serial-para-paralelo e paralelo-para-serial de dados.

2. Registradores de Armazenamento

- **Definição:** Estes são os registradores básicos que simplesmente armazenam (ou "mantêm") um valor binário.

Funcionalidade:

- **Armazenamento de Dados:** Mantém um valor binário até que seja substituído por um novo valor ou até que o sistema seja reiniciado.
- **Sem Deslocamento:** Ao contrário dos registradores de deslocamento, os registradores de armazenamento não têm a capacidade de mover bits dentro de seu armazenamento.

Aplicações:

- Armazenar valores temporários em operações aritméticas.
- Manter o estado atual de uma operação ou processo.

3. Registradores de Buffer

- **Definição:** Os registradores de *buffer* são usados para armazenar dados temporariamente enquanto são transferidos de uma parte do sistema para outra.

Funcionalidade:

- **Intermediário de Dados:** Atua como um intermediário, segurando dados que estão sendo transferidos entre componentes que operam em diferentes velocidades.
- **Isolamento:** Isola seções de um sistema para evitar conflitos de dados ou para permitir que seções operem independentemente.

Aplicações:

- Transferência de dados entre a CPU e a memória em sistemas de computador.
- Atuando como um reservatório temporário para dados que estão sendo transferidos entre dispositivos com diferentes velocidades de operação.

Em resumo, cada tipo de registrador tem uma função específica em sistemas digitais, e sua escolha depende da operação particular que precisa ser realizada. Seja armazenando dados, deslocando bits ou atuando como um *buffer* durante a transferência de dados, os registradores são componentes essenciais que facilitam o processamento eficiente de informações.

7.3.3 Operações em Registradores

Os registradores, como componentes de armazenamento temporário em sistemas digitais, suportam várias operações que permitem manipular e gerenciar os dados armazenados neles. Vamos detalhar as operações mencionadas:

a. Deslocamento

Definição: O deslocamento refere-se à movimentação de bits dentro do registrador para a esquerda ou para a direita.

Funcionalidade:

- **Deslocamento à Esquerda:** Todos os bits no registrador são movidos uma posição para a esquerda. O bit mais à esquerda é descartado e o novo bit mais à direita geralmente é definido como 0.
- **Deslocamento à Direita:** Todos os bits no registrador são movidos uma posição para a direita. O bit mais à direita é descartado e o novo bit mais à esquerda geralmente é definido como 0.

Aplicações:

- Usado em operações aritméticas como multiplicação e divisão binária.
- Conversão de dados entre formatos serial e paralelo.

b. Rotação

Definição: Semelhante ao deslocamento, mas os bits que são "descartados" durante a operação são reintroduzidos no lado oposto do registrador.

Funcionalidade:

- **Rotação à Esquerda:** O bit mais à esquerda é movido para a posição mais à direita.
- **Rotação à Direita:** O bit mais à direita é movido para a posição mais à esquerda.

Aplicações:

- Manipulação de padrões de bits.
- Operações criptográficas.

c. Carga

Definição: A operação de carga envolve a inserção de um novo conjunto de valores binários no registrador.

Funcionalidade:

O valor atual no registrador é substituído pelo novo valor fornecido.

Aplicações:

Atualização de valores em operações aritméticas.

Inicialização de registradores.

- Limpar

Definição: A operação de limpar envolve a redefinição de todos os bits no registrador para um estado padrão, geralmente 0.

Funcionalidade:

Todos os bits no registrador são definidos como 0 (ou, em alguns casos, como 1).

Aplicações:

- Preparação do registrador para novas operações.
- Resetando o registrador para um estado conhecido.

Em resumo, essas operações permitem uma ampla gama de manipulações de dados dentro dos registradores, facilitando o processamento e a gestão eficaz de informações em sistemas digitais.

7.4 MÁQUINAS DE ESTADO

7.4.1 Definição

Uma máquina de estado é um dispositivo que armazena o status de algo em um determinado momento. Ela pode operar em diferentes estados e transitar entre eles com base em certas condições ou entradas. Cada estado representa uma condição específica do sistema, e as transições indicam mudanças nesse estado.

7.4.2 Máquina de Estado de Moore

Neste tipo de máquina, a saída é determinada exclusivamente pelo estado atual em que a máquina se encontra. Isso significa que, para um estado específico, haverá uma saída específica associada, independentemente das entradas. O nome "Moore" vem de Edward F. Moore, que introduziu o conceito.

Exemplo: Um semáforo que muda de "verde" para "amarelo" e depois para "vermelho" em um ciclo fixo, independentemente do tráfego ou de outros fatores externos.

7.4.3 Máquina de Estado de Mealy

Nas máquinas de Mealy, a saída é determinada tanto pelo estado atual quanto pelas entradas. Isso permite uma maior flexibilidade, pois a máquina pode reagir de maneira diferente às mesmas entradas, dependendo do estado em que se encontra. George H. Mealy introduziu este conceito.

Exemplo: Um semáforo que muda de estado com base no tráfego detectado por sensores. Se houver muito tráfego em uma direção, o semáforo pode permanecer verde por mais tempo.

7.4.4 Diagramas de Estado

Os diagramas de estado são representações gráficas das máquinas de estado. Eles mostram os diferentes estados, representados por círculos, e as transições entre esses estados, representadas por setas. As condições ou entradas que causam as transições são geralmente rotuladas nas setas. Esses diagramas são ferramentas essenciais para visualizar e projetar o comportamento de sistemas complexos.

Exemplo: Para um semáforo simples, os estados podem ser "verdes", "amarelos" e "vermelhos". O diagrama mostrará setas indicando a sequência de mudança de cores e, possivelmente, temporizadores ou outras condições que determinam quando as transições ocorrem.

7.5 CONCLUSÃO

Contadores, registradores e máquinas de estado são componentes vitais em sistemas digitais, permitindo armazenamento, manipulação e transição de estados. Eles formam a base para operações mais complexas e sistemas mais avançados.

CAPÍTULO 8:
DISPOSITIVOS DE MEMÓRIA

A memória é uma parte essencial de qualquer sistema digital, permitindo que ele armazene e recupere informações. Os dispositivos de memória são componentes eletrônicos projetados para armazenar dados e programas. Eles variam em termos de capacidade, velocidade, volatilidade e tecnologia de construção. Este capítulo explora os diferentes tipos de dispositivos de memória, suas características e aplicações.

8.1 DEFINIÇÃO

Um dispositivo de memória é um componente eletrônico que armazena informações em formato digital. Ele pode reter essa informação mesmo quando a energia é desligada (memória não volátil) ou pode perder a informação quando a energia é cortada (memória volátil).

8.2 TIPOS DE MEMÓRIA

8.2.1 Memória RAM (*Random Access Memory*)

Definição: A Memória de Acesso Aleatório (RAM) é um tipo de memória volátil que permite a leitura e escrita de dados. Ela serve como a "memória de trabalho" de um computador, onde o sistema operacional, aplicativos e dados em uso são armazenados para que o processador possa acessá-los rapidamente.

Tipos:

- **DRAM (*Dynamic RAM*):** É um tipo de RAM que armazena cada bit de dados em uma célula de memória separada composta por um transistor e um capacitor. Devido à natureza dos capacitores, a informação armazenada neles degrada com o tempo, o que exige que a DRAM seja "refrescada" (ou seja, os valores sejam lidos e reescritos) milhares de vezes por segundo.
- **SRAM (*Static RAM*):** Diferentemente da DRAM, a SRAM não precisa ser refrescada. Ela usa flip-flops para armazenar cada bit de dados. Isso a torna mais rápida e confiável do que a DRAM, mas também mais cara e com menor densidade de armazenamento.

Características: A RAM é conhecida por sua alta velocidade e volatilidade. Sendo volátil, significa que os dados armazenados na RAM são perdidos quando o dispositivo é desligado. É usada em computadores e outros dispositivos para armazenamento temporário de informações que precisam ser acessadas rapidamente.

8.2.2 Memória ROM (*Read-Only Memory*)

Definição: A Memória Somente de Leitura (ROM) é um tipo de memória não volátil que, como o nome sugere, é principalmente de leitura. Isso significa que os dados armazenados nela não podem ser facilmente alterados ou reescritos. Uma vez que a ROM é programada, os dados nela contidos permanecem intactos, mesmo quando o dispositivo é desligado. É frequentemente usada para armazenar firmware, que é o software embutido em dispositivos eletrônicos, como a BIOS de um computador.

Tipos:

- **PROM (*Programmable ROM*):** É uma forma de ROM que pode ser programada uma vez pelo usuário. Uma vez que os dados são escritos em uma PROM, eles não podem ser apagados ou reescritos.
- **EPROM (*Erasable PROM*):** Esta é uma ROM especial que pode ser reprogramada. A EPROM pode ser apagada pela exposição à luz ultravioleta e, em seguida, pode ser reprogramada.
- **EEPROM (*Electrically Erasable PROM*):** Semelhante à EPROM, mas, em vez de usar luz ultravioleta para apagar seu conteúdo, a EEPROM pode ser apagada e reprogramada eletricamente. Isso permite que os dados sejam atualizados sem a necessidade de remover o chip do dispositivo.

Características: A principal característica da ROM é sua natureza não volátil. Isso significa que os dados armazenados na ROM permanecem intactos mesmo após o desligamento do dispositivo. Devido a essa característica, a ROM é frequentemente usada para armazenar software ou *firmware* que não precisa ser alterado frequentemente, como o sistema operacional de inicialização ou a BIOS em computadores.

8.2.3 Memória Flash

Definição: A memória Flash é um tipo de memória não volátil que utiliza células de transistores para armazenar dados. Ao contrário da memória ROM, que é predominantemente de leitura, a memória Flash permite que os dados sejam lidos, escritos e apagados em blocos, em vez de *bytes* individuais. Isso a torna ideal para aplicações onde grandes blocos de dados precisam ser atualizados frequentemente, como em dispositivos de armazenamento.

Aplicações:

- **Pen drives:** Dispositivos portáteis de armazenamento que utilizam memória Flash para armazenar dados. São conhecidos por sua portabilidade e capacidade de retenção de dados sem a necessidade de energia.
- **Cartões de memória:** Usados em câmeras digitais, *smartphones* e outros dispositivos, os cartões de memória utilizam memória Flash para armazenar fotos, vídeos e outros arquivos.
- **SSDs (*Solid State Drives*):** Uma alternativa moderna aos discos rígidos tradicionais, os SSDs usam memória Flash para armazenar dados. Eles são conhecidos por sua velocidade de leitura/escrita superior e maior resistência em comparação com os discos rígidos.

Características:

- **Não volátil:** Assim como a ROM, a memória Flash retém seus dados mesmo quando a energia é desligada.
- **Regravável:** A memória Flash pode ser reescrita e apagada várias vezes, tornando-a adequada para aplicações que exigem atualizações frequentes de dados.
- **Durabilidade:** A memória Flash é mais resistente a choques físicos em comparação com os discos rígidos, pois não possui partes móveis. Isso a torna ideal para dispositivos portáteis e aplicações onde a durabilidade é crucial.

8.2.4 Memória Cache

Definição: A memória cache é um tipo de memória volátil de alta velocidade que serve como um *"buffer"* entre a memória principal (RAM) e o processador. Ela armazena temporariamente instruções e dados que são frequentemente acessados pelo processador. Ao fazer isso, a memória cache reduz o tempo que o processador levaria para buscar esses dados da memória principal, resultando em uma operação mais rápida e eficiente do sistema.

Localização:

Perto do processador: A memória cache está localizada fisicamente próxima ao processador, seja integrada ao próprio chip do processador ou em um chip separado, mas ainda assim muito próximo. Isso minimiza o tempo de acesso, permitindo que o processador recupere dados da cache muito mais rapidamente do que da memória principal.

Características:

- **Rápida:** Devido à sua proximidade com o processador e à tecnologia de fabricação avançada, a memória cache é significativamente mais rápida do que a memória RAM convencional.
- **Volátil:** Assim como a RAM, a memória cache é volátil, o que significa que os dados armazenados nela são perdidos quando o sistema é desligado.
- **Tamanho limitado:** Devido ao seu custo elevado por bit em comparação com a memória RAM, a memória cache é tipicamente muito menor em tamanho. No entanto, mesmo um pequeno cache pode ter um impacto

significativo no desempenho do sistema, graças à sua eficiência em armazenar e fornecer dados frequentemente acessados.

8.3 HIERARQUIA DE MEMÓRIA

A hierarquia de memória refere-se à organização e estruturação das diferentes memórias em um sistema computacional, baseada em velocidade, capacidade e custo. Esta hierarquia é projetada para otimizar o desempenho do sistema, garantindo que o processador tenha acesso rápido aos dados mais frequentemente usados, enquanto também se beneficia de grandes quantidades de armazenamento mais barato para dados menos frequentemente acessados.

Estrutura da Hierarquia

a. Memória Cache:

- **Localização:** Muito próxima ou integrada ao processador.
- **Velocidade:** Extremamente rápida.
- **Capacidade:** Limitada devido ao alto custo por bit.
- **Uso:** Armazena temporariamente instruções e dados frequentemente acessados pelo processador.

b. Memória Principal (RAM):

- **Localização:** Localizada em módulos separados, mas diretamente acessível pelo processador.

- **Velocidade:** Mais lenta que a cache, mas ainda muito rápida em comparação com o armazenamento em disco.
- **Capacidade:** Maior que a cache, mas menor que o armazenamento em disco.
- **Uso:** Armazena o sistema operacional, aplicativos em execução e dados em uso.

c. **Memória Secundária (Armazenamento em Disco):**

- **Localização:** Em dispositivos de armazenamento, como discos rígidos, SSDs e unidades ópticas.
- **Velocidade:** Significativamente mais lenta que a RAM.
- **Capacidade:** Muito grande, permitindo o armazenamento de grandes volumes de dados.
- **Uso:** Armazena dados a longo prazo, incluindo arquivos, programas e o sistema operacional.

d. **Armazenamento em Nuvem (opcional):**

- **Localização:** Em servidores remotos acessados via internet.
- **Velocidade:** Dependente da velocidade da conexão com a internet.
- **Capacidade:** Potencialmente ilimitada, dependendo do provedor de serviços.
- **Uso:** Armazenamento remoto, *backup* e compartilhamento de dados.

Características Gerais:

- **Velocidade vs. Custo:** À medida que subimos na hierarquia (da memória cache para o armazenamento em disco), a velocidade de acesso diminui, mas a capacidade aumenta e o custo por bit diminui.
- **Frequência de Acesso:** Dados frequentemente acessados são mantidos nas memórias mais rápidas e caras, enquanto dados menos frequentemente acessados são armazenados em memórias mais lentas e baratas.

8.4 TECNOLOGIAS DE ARMAZENAMENTO

8.4.1 Discos Rígidos (HDD)

- **Definição:** Dispositivo de armazenamento não volátil que usa discos magnéticos para armazenar dados.
- **Características:** Grande capacidade, mais lento que as memórias flash, sensível a choques.

8.4.2 SSDs (*Solid State Drives*)

- **Definição:** Dispositivo de armazenamento não volátil que usa memória flash.
- **Características:** Rápido, durável, mais caro por GB que os HDDs.

8.5 CONSIDERAÇÕES FINAIS

Os dispositivos de memória desempenham um papel crucial em sistemas digitais, armazenando informações essenciais para o funcionamento do sistema. A escolha do tipo de memória a ser usado depende da aplicação, do orçamento e das necessidades de desempenho.

CAPÍTULO 9:
CONVERSÃO ANALÓGICO-DIGITAL E DIGITAL-ANALÓGICO

9.1 INTRODUÇÃO

A conversão entre sinais analógicos e digitais é uma parte fundamental da eletrônica moderna. Com a crescente digitalização de sistemas e dispositivos, a necessidade de converter informações entre esses dois formatos tornou-se essencial. Este capítulo abordará os princípios básicos, técnicas e aplicações das conversões Analógico-Digital (A/D) e Digital-Analógico (D/A).

9.2 CONVERSÃO ANALÓGICO-DIGITAL (A/D)

9.2.1 Princípios Básicos

A conversão Analógico-Digital (A/D) é um processo fundamental na eletrônica moderna que permite que sistemas digitais interpretem e processem informações do mundo analógico. Vamos aprofundar os princípios básicos por trás dessa conversão.

Sinal Analógico vs. Sinal Digital

Sinal Analógico: É contínuo no tempo e pode assumir um número infinito de valores dentro de um determinado intervalo. Um exemplo comum é a tensão de uma bateria que pode variar de 0V a, digamos, 1.5V, ou a onda sonora produzida por um instrumento musical que varia continuamente em amplitude e frequência.

Exemplo Prático: Imagine um termômetro de mercúrio. À medida que a temperatura aumenta ou diminui, o mercúrio se expande ou contrai continuamente, indicando a temperatura atual.

Sinal Digital: Contrasta com o sinal analógico por ser discreto. Ele representa informações em uma sequência de bits (0s e 1s). Ao invés de ter uma variação contínua, um sinal digital tem valores definidos e não contínuos.

Exemplo Prático: Pense em um termômetro digital. Em vez de mostrar uma leitura contínua como o termômetro de mercúrio, ele mostra a temperatura em números específicos, como 22.5°C ou 22.6°C.

Processo de Conversão A/D

Converter um sinal analógico em um formato digital envolve três etapas principais: Amostragem, Quantização e Codificação. Vamos explorar cada uma dessas etapas em detalhes:

Amostragem:

- **Descrição**: O sinal analógico é "capturado" ou "amostrado" em intervalos regulares de tempo. Cada amostra representa o valor do sinal em um ponto específico no tempo.
- **Exemplo**: Imagine uma onda senoidal contínua que representa uma música. Ao amostrar esta onda em intervalos regulares, obtemos uma série de pontos que representam a amplitude da onda nesses instantes específicos.

Tabela:

Intervalo de Tempo	Valor Amostrado
t1	v1
t2	v2
t3	v3
...	...

Quantização:

- **Descrição**: Uma vez que temos as amostras do sinal, cada amostra é "arredondada" ou "quantizada" para o valor mais próximo em um conjunto finito de níveis discretos.
- **Exemplo**: Se um sinal varia entre 0V e 5V e decidimos quantizá-lo em 8 níveis, então cada nível representa uma variação de 0.625V. Uma amostra com valor de 2.7V seria quantizada para 2.5V, pois é o nível mais próximo.

Tabela:

Valor Amostrado	Valor Quantizado
v1	q1
v2	q2
v3	q3
...	...

Codificação:

- **Descrição:** Cada valor quantizado é então transformado em uma sequência binária que o representa.
- **Exemplo:** Se decidirmos usar 3 bits para codificar nosso sinal, o valor quantizado 2.5V (do exemplo anterior) pode ser representado como 100.

Tabela:

Valor Quantizado	Código Binário
q1	001
q2	010
q3	011
...	...

9.2.2 Métodos de Conversão A/D

Existem vários métodos usados para realizar a conversão A/D, dependendo das necessidades específicas da aplicação:

Método de Aproximações Sucessivas:

- **Descrição:** Este é um dos métodos mais comuns. Ele compara a amostra do sinal analógico com uma referência gerada internamente e ajusta essa referência até que ela se aproxime da amostra.

- **Exemplo**: Imagine tentar adivinhar um número entre 1 e 100. Se você adivinhar 50 e for informado de que o número é maior, sua próxima tentativa pode ser 75, e assim por diante, até adivinhar o número correto.

Método de Integração:

- **Descrição**: Este método envolve a integração (ou acumulação) do sinal analógico durante um período definido e a comparação do valor integrado com um valor de referência.
- **Exemplo**: Pode ser comparado ao processo de encher um balde com água até um certo nível e, em seguida, medir o tempo que levou para alcançar esse nível.

Método de Resolução Simultânea:

- **Descrição**: Também conhecido como método "flash", ele usa múltiplos comparadores para quantizar o sinal em uma única etapa, tornando a conversão muito rápida.
- **Exemplo**: Imagine ter várias linhas de chegada em uma corrida e cada corredor parando na linha que corresponde ao seu desempenho. Cada linha de chegada representa um valor quantizado diferente e o corredor representa o valor da amostra.

9.2.3 Resolução e Precisão

A conversão Analógico-Digital é um processo fundamental em sistemas eletrônicos, permitindo que os dispositivos digitais entendam e processem sinais do mundo real, que são intrinsecamente analógicos. Dois conceitos cruciais nesse processo são a resolução e a precisão. Vamos detalhar ambos:

Resolução:

- **Definição**: A resolução de um conversor A/D determina o menor incremento de sinal analógico que pode ser discernido ou detectado. Em outras palavras, é a menor diferença entre dois valores consecutivos que o conversor A/D pode reconhecer e representar.
- **Como é determinada**: A resolução é geralmente definida pelo número de bits do conversor. Por exemplo, um conversor A/D de 8 bits tem uma resolução de 2828 ou 256 níveis discretos. Se estivermos medindo uma faixa de tensão de 0 a 5 volts, cada nível representa uma diferença de 5V/256, ou aproximadamente 0,0195 volts.
- **Exemplo**: Suponha que temos um termômetro digital que exibe a temperatura em décimos de grau. Se a temperatura ambiente estiver aumentando lentamente, o termômetro pode exibir 25.1°C e, depois de algum tempo, 25.2°C. A diferença de 0,1°C é a resolução do termômetro.

Precisão:

- **Definição**: A precisão de um conversor A/D indica o quão próximo o valor digital convertido está do valor analógico real. Ela está relacionada à capacidade do conversor de produzir resultados consistentes e repetíveis.

- **Fatores que afetam a precisão**: Erros no processo de conversão, ruído no sinal analógico, erros de quantização e erros introduzidos pelo próprio hardware do conversor podem afetar a precisão.
- **Exemplo**: Usando o mesmo termômetro digital, suponha que a temperatura real seja de 25.15°C. Se o termômetro exibir 25.1°C, ele está mostrando um valor muito próximo do real, porém não exato, indicando que tem boa precisão, mas não é perfeito.

Importante: É possível ter um dispositivo com alta resolução, mas baixa precisão e vice-versa. Por exemplo, um conversor A/D pode ser capaz de detectar mudanças muito pequenas em um sinal (alta resolução), mas pode não converter o sinal com alta exatidão (baixa precisão). Da mesma forma, um dispositivo pode consistentemente converter um sinal de forma precisa (alta precisão), mas pode não ser capaz de discernir mudanças muito pequenas no sinal (baixa resolução). É crucial entender a diferença entre os dois conceitos ao projetar ou avaliar sistemas que envolvem conversão A/D.

9.3 CONVERSÃO DIGITAL-ANALÓGICO (D/A)

9.3.1 Princípios Básicos

A conversão Digital-Analógico (D/A) é o processo pelo qual um sinal digital, geralmente representado como uma sequência de bits, é transformado em um sinal analógico. Essa transformação é vital em muitas aplicações, como ao reproduzir áudio de um arquivo digital em alto-falantes ou ao exibir uma imagem digital em uma tela.

Exemplo: Imagine um sistema de som que precisa reproduzir uma música armazenada digitalmente. O arquivo de música digital contém uma série de valores binários. Para ouvir a música, esses valores binários precisam ser convertidos em um sinal elétrico contínuo, que é então amplificado e enviado para os alto-falantes.

Vamos considerar um sinal digital simples:

Bit3	Bit2	Bit1	Bit0
1	0	1	1

Este sinal representa o número binário "1011" ou 11 em decimal. Se o conversor D/A for projetado para converter valores de 0 a 15 (4 bits) em tensões de 0V a 5V, o valor 11 seria convertido em uma tensão de aproximadamente 3.67V.

9.3.2 Métodos de Conversão D/A

Método de Resistor em Ladder (R-2R Ladder): Este método utiliza uma rede de resistores em uma configuração de escada para produzir uma tensão analógica. O método é chamado de R-2R devido à relação entre os valores dos resistores utilizados.

Exemplo: Considere um D/A de 3 bits. O sinal digital é aplicado através de *switches* que podem conectar a entrada a 0V ou uma fonte de tensão, V.

Bit	Estado	Saída através do R-2R Ladder
0	0	0V
0	1	V/8
1	0	0V
1	1	V/4
2	0	0V
2	1	V/2

Método de Corrente de Fonte: Neste método, cada bit do valor digital controla uma fonte de corrente específica. As correntes são então somadas e convertidas em uma tensão através de um resistor.

Exemplo: Vamos considerar um D/A de 2 bits. O sinal digital controla duas fontes de corrente.

Bit	Estado	Saída de Corrente
0	0	0µA
0	1	1µA
1	0	0µA
1	1	2µA

Se ambos os bits estiverem ativos (valor "11" ou 3 em decimal), a corrente total seria de 3µA. Se essa corrente passasse por um resistor, produziria uma tensão proporcional à corrente total.

Ambos os métodos têm suas vantagens e desvantagens em termos de custo, precisão, velocidade e aplicabilidade. A escolha do método apropriado dependerá da aplicação específica e dos requisitos do sistema.

9.3.3 Resolução e Precisão na Conversão D/A

A resolução e a precisão são conceitos fundamentais em sistemas de conversão, seja ela Analógico-Digital (A/D) ou Digital-Analógico (D/A). Elas determinam a qualidade e a fidelidade com que os sinais são convertidos. Vamos entender cada um desses conceitos e sua relevância na conversão D/A.

Resolução:

A **resolução** de um conversor D/A refere-se ao menor incremento de sinal que pode ser representado pelo conversor. É geralmente determinada pelo número de bits do sinal digital. Quanto maior o número de bits, mais alta é a resolução, e mais detalhes finos do sinal podem ser representados.

Exemplo: Se tivermos um conversor D/A de 1 bit, ele pode representar apenas dois estados: 0 ou 1. Já um conversor de 2 bits pode representar quatro estados: 00, 01, 10 e 11. Se o conversor estiver mapeando esses valores para uma escala de 0V a 3V, a resolução seria de 1V (3V/3 estados).

Número de Bits	Valores Possíveis	Resolução Exemplar
1	0, 1	3V/1 = 3V
2	00, 01, 10, 11	3V/3 = 1V
3	000 a 111	3V/7 ≈ 0.43V

Precisão:

A **precisão** refere-se à capacidade do conversor D/A de produzir uma saída que é fiel ao valor digital de entrada. Mesmo se um conversor tiver alta resolução, erros em componentes ou interferências podem causar imprecisões na saída analógica. A precisão é uma medida de quão próximo à saída analógica está do valor "real" ou esperado.

Exemplo: Imagine um conversor D/A de 2 bits que deve converter o valor binário "10" em uma tensão de 2V (conforme nosso exemplo anterior de resolução). Se a saída real for 2.05V, então o conversor é impreciso por 0.05V.

Valor Digital	Tensão Esperada	Tensão Real	Imprecisão
01	1V	1.02V	0.02V
10	2V	2.05V	0.05V
11	3V	2.98V	0.02V

A precisão é crítica em aplicações onde a fidelidade do sinal é vital, como em sistemas de áudio de alta qualidade ou em instrumentação médica.

Em resumo, enquanto a resolução define quão "fino" ou detalhado o sinal pode ser representado, a precisão define quão fielmente esse sinal é reproduzido. Ambas são essenciais para garantir a qualidade e a confiabilidade dos sistemas baseados em conversão D/A.

9.4 APLICAÇÕES PRÁTICAS DE CONVERSORES A/D E D/A

A conversão entre sinais analógicos e digitais é um processo fundamental em muitos sistemas eletrônicos modernos. Estes conversores facilitam a interface entre o mundo analógico, que é contínuo e varia com o tempo, e o mundo digital, que é discreto e trabalha com dados binários. Vamos aprofundar algumas das aplicações práticas mais comuns de conversores A/D e D/A:

Sistemas de Áudio

- **Microfones:** Quando falamos em um microfone, nossas vozes produzem ondas sonoras que são captadas e convertidas em sinais elétricos analógicos. Para processar, armazenar ou transmitir esses sinais em sistemas digitais, como computadores ou *smartphones*, é necessário converter esses sinais analógicos em formatos digitais usando conversores A/D.
- **Alto-falantes e Fones de Ouvido:** O processo inverso acontece aqui. Músicas ou vozes armazenadas digitalmente em dispositivos são convertidas de volta para sinais analógicos usando conversores D/A, permitindo que os alto-falantes reproduzam o som.

Instrumentação Médica

- **ECG (Eletrocardiograma):** Um ECG monitora a atividade elétrica do coração ao longo do tempo. Os sinais elétricos captados pelos eletrodos são analógicos. Para análise, armazenamento e visualização em monitores digitais, esses sinais analógicos são convertidos em formatos digitais por meio de conversores A/D.
- **EEG (Eletroencefalograma):** Similar ao ECG, um EEG monitora a atividade elétrica do cérebro. Novamente, a conversão A/D é essencial para processar esses sinais em sistemas digitais.

Comunicações

- **Telefonia Móvel**: Quando falamos em nossos telefones celulares, nossas vozes são convertidas em sinais digitais para serem transmitidas através das redes de comunicação. Uma vez recebido pelo telefone receptor, o sinal digital é convertido de volta para um sinal analógico para que o destinatário possa ouvir a mensagem.
- **Televisão Digital**: Os sinais de vídeo capturados por câmeras são muitas vezes analógicos. Para transmissão em redes digitais, esses sinais passam por um conversor A/D. Na extremidade do receptor, como em nossas casas, um conversor D/A transforma os sinais digitais de volta para analógicos para visualização.

Estas são apenas algumas das muitas aplicações de conversores A/D e D/A. Eles desempenham um papel fundamental em quase todos os aspectos da tecnologia moderna, facilitando a comunicação entre mundos analógico e digital e tornando possível muitas das conveniências que hoje damos como certas.

9.5 DESAFIOS E CONSIDERAÇÕES NA CONVERSÃO DE SINAIS

A conversão de sinais, seja de analógico para digital (A/D) ou de digital para analógico (D/A), é uma tarefa essencial na eletrônica moderna. No entanto, a realização deste processo pode enfrentar vários desafios e considerações técnicas. Vamos explorar em profundidade algumas dessas questões:

1. Ruído

- **Origem**: O ruído pode ser introduzido de várias fontes, como componentes eletrônicos, interferências externas ou mesmo do próprio processo de amostragem.
- **Impacto**: O ruído pode mascarar ou distorcer o sinal original, levando a erros na representação digital do sinal analógico.
- **Mitigação**: O uso de técnicas de filtragem, bem como circuitos de alta qualidade e blindagem adequada, pode ajudar a minimizar a introdução de ruído.

2. Distorção

- **Origem**: A distorção pode ocorrer se o sinal analógico exceder a faixa de operação do conversor ou devido a imperfeições no próprio conversor.
- **Impacto**: Pode resultar em uma representação digital imprecisa do sinal analógico.
- **Mitigação**: A calibração regular e o uso de conversores de alta qualidade podem reduzir a distorção. Além disso, os circuitos de proteção podem ser usados para evitar que sinais fora da faixa entrem no conversor.

3. Latência

- **Origem**: A latência refere-se ao tempo que leva para um sinal ser convertido, seja de analógico para digital ou vice-versa. É influenciada pela taxa de amostragem e pela complexidade do algoritmo de conversão.

- **Impacto**: Em aplicações em tempo real, como comunicações ou sistemas de controle, a latência pode resultar em desempenho indesejado ou até mesmo falhas.
- **Mitigação**: O uso de conversores de alta velocidade e a otimização do algoritmo de conversão podem ajudar a reduzir a latência.

4. Taxa de Amostragem e Aliasing

- **Origem**: A taxa de amostragem insuficiente pode levar ao fenômeno de *aliasing*, onde frequências mais altas no sinal analógico são interpretadas erroneamente como frequências mais baixas no sinal digital.
- **Impacto**: Pode causar distorções significativas na representação digital do sinal analógico.
- **Mitigação**: A aplicação do Teorema de Nyquist, que sugere uma taxa de amostragem pelo menos duas vezes maior que a frequência mais alta no sinal analógico, pode ajudar a evitar o *aliasing*.

5. Resolução e Quantização

- **Origem**: Limitações na resolução do conversor podem levar a erros de quantização, onde o sinal analógico é aproximado ao valor digital mais próximo.
- **Impacto**: Pode resultar em pequenos erros entre o sinal analógico original e sua representação digital.

- **Mitigação**: O uso de conversores com maior resolução e técnicas de *dithering*, que adicionam um pequeno ruído aleatório para mascarar erros de quantização, podem ajudar.

Em resumo, enquanto os conversores A/D e D/A são ferramentas poderosas que facilitam a interface entre os mundos analógico e digital, eles vêm com seus próprios conjuntos de desafios. Compreender e mitigar esses desafios é essencial para garantir sistemas eletrônicos precisos e confiáveis.

9.6 CONCLUSÃO

A capacidade de converter com precisão entre sinais analógicos e digitais é fundamental para a operação de muitos sistemas eletrônicos modernos. Com um entendimento sólido dos princípios e técnicas abordados neste capítulo, os engenheiros e entusiastas da eletrônica estão bem equipados para enfrentar os desafios da conversão A/D e D/A.

CAPÍTULO 10:
ARQUITETURA DE COMPUTADORES E MICROPROCESSADORES

10.1 INTRODUÇÃO

A arquitetura de computadores refere-se ao design funcional de um sistema de computação, incluindo a organização e interconexão de seus componentes. O microprocessador, também conhecido como CPU (*Central Processing Unit*), é o coração de qualquer sistema de computador moderno e executa as instruções do software.

10.2 CONCEITOS BÁSICOS DE ARQUITETURA DE COMPUTADORES

A arquitetura de computadores refere-se ao design e à organização de componentes de hardware em um sistema de computação. É a estrutura que permite que os componentes de hardware do sistema se comuniquem e interajam de maneira eficiente. Vamos aprofundar alguns dos principais conceitos:

10.2.1 CPU (Unidade Central de Processamento)

A CPU é frequentemente referida como o "cérebro" do computador. É responsável por executar instruções de programas e gerenciar outras unidades de hardware do sistema.

Funcionamento: A CPU busca instruções da memória, decodifica-as e, em seguida, executa-as. Esse ciclo é conhecido como ciclo de instrução.

Componentes Principais

- **ALU (Unidade Lógica e Aritmética)**: Executa operações matemáticas e lógicas.
- **Registros**: Armazenam temporariamente dados e instruções para processamento rápido.
- **Unidade de Controle**: Coordena e gerencia a execução de instruções.
- **Exemplo**: Considere um programa simples que adiciona dois números. A CPU buscará a instrução de adição da memória, carregará os dois números nos registros, usará a ALU para adicionar os números e, em seguida, armazenará o resultado em um local específico da memória.

10.2.2 Memória Principal

Também conhecida como memória RAM (*Random Access Memory*), a memória principal é um tipo de memória volátil, o que significa que os dados armazenados são perdidos quando o computador é desligado.

Funcionamento: Armazena temporariamente o sistema operacional, aplicativos e dados em uso para que a CPU possa acessá-los rapidamente.

Tipos:

- **DRAM** (*Dynamic RAM*): Tipo mais comum de RAM, precisa ser "refrescada" periodicamente.
- **SRAM** (*Static RAM*): Mais rápida e mais cara que a DRAM, usada principalmente para cache da CPU.
- **Exemplo**: Ao abrir um software de edição de imagem, o programa é carregado da memória de armazenamento (como um disco rígido) para a memória RAM, pois o acesso a ele é muito mais rápido da RAM.

10.2.3 Buses (Barramentos)

Os barramentos são sistemas de comunicação que conectam os diversos componentes de um computador.

Funcionamento: Os barramentos transportam dados, instruções e informações de controle entre a CPU, memória e dispositivos periféricos.

Tipos Principais:

- **Barramento de Dados**: Transporta dados entre a CPU e a memória ou entre a CPU e dispositivos de I/O.
- **Barramento de Endereços**: Transporta endereços de memória, indicando onde na memória os dados devem ser buscados ou armazenados.
- **Barramento de Controle**: Transporta sinais de controle, coordenando e controlando a atividade do computador.
- **Exemplo**: Imagine um sistema de transporte público. O barramento de dados é como o ônibus carregando

passageiros (dados). As paradas de ônibus são determinadas pelo barramento de endereços e o cronograma ou as regras de trânsito são gerenciados pelo barramento de controle.

Em resumo, a CPU, a memória principal e os barramentos são componentes essenciais que trabalham juntos para garantir que um computador funcione eficientemente. A compreensão de sua operação e interação é fundamental para entender a arquitetura de computadores.

10.3 MICROPROCESSADORES

Os microprocessadores são, em essência, o coração de muitos dispositivos eletrônicos, desde computadores a dispositivos móveis e até mesmo alguns aparelhos domésticos modernos. Eles têm visto uma evolução notável desde seus primeiros dias. Vamos explorar alguns aspectos cruciais.

10.3.1 Evolução

Os microprocessadores evoluíram drasticamente desde os seus primeiros modelos. O primeiro microprocessador comercial, o Intel 4004, foi lançado em 1971 e era capaz de realizar operações básicas. Comparado aos processadores modernos, que contêm bilhões de transistores e possuem vários núcleos para processamento paralelo, o 4004 parece modesto. O gráfico exibe essa evolução, mostrando a progressão no número de transistores e capacidades de processamento ao longo do tempo.

10.3.2 Arquitetura Von Neumann vs. Harvard

A Arquitetura Von Neumann e a Arquitetura Harvard são duas das arquiteturas mais fundamentais em design de microprocessadores.

- **Arquitetura Von Neumann**: Nesta arquitetura, a memória é usada para armazenar tanto os dados quanto as instruções. Isso simplifica o design, mas pode causar gargalos porque dados e instruções não podem ser lidos simultaneamente.

- **Arquitetura Harvard**: Aqui, temos memórias separadas para dados e instruções, permitindo leituras simultâneas, o que pode resultar em desempenho mais rápido.

A tabela comparativa destaca as principais características, vantagens e desvantagens de cada arquitetura.

10.3.3 Conjunto de Instruções

O conjunto de instruções é essencialmente o vocabulário do microprocessador, as operações que ele pode realizar. Estas instruções variam de operações aritméticas básicas, como adição e subtração, a operações lógicas e até mesmo instruções para controlar o fluxo de um programa. O diagrama fornece uma visão geral dessas categorias de instruções.

Espero que essas informações e visualizações ajudem a esclarecer os conceitos fundamentais dos microprocessadores. Eles são verdadeiramente uma maravilha da engenharia moderna, e sua evolução contínua promete avanços ainda mais emocionantes no futuro.

10.4 ARQUITETURAS RISC E CISC

Dentro do mundo dos circuitos digitais e microprocessadores, existem diversas abordagens para o design de conjuntos de instruções. As arquiteturas RISC *(Reduced Instruction Set Computer)* e CISC *(Complex Instruction Set Computer)* representam duas filosofias principais nesse contexto.

10.4.1 Definição e Diferenças

RISC (*Reduced Instruction Set Computer*): Como o próprio nome sugere, os processadores RISC têm um conjunto de instruções mais simples e direto, onde cada instrução geralmente realiza apenas uma operação e leva o mesmo tempo para ser executada. Os microprocessadores RISC são projetados para ter um número menor de instruções que levam um ciclo de *clock* para serem executadas. Exemplos notáveis incluem ARM, que é amplamente utilizado em dispositivos móveis.

CISC (*Complex Instruction Set Computer*): Estes processadores possuem um conjunto de instruções vasto e versátil, permitindo que o processador realize operações complexas usando uma única instrução que pode levar vários ciclos de *clock* para ser completada. A ideia por trás do CISC é que um único comando possa fazer muito trabalho, reduzindo a necessidade de muitos comandos simples. O Intel x86, que é a base para a maioria dos PCs, é um exemplo de arquitetura CISC.

Tabela Comparativa:

Característica	RISC	CISC
Nº de Instruções	Menor	Maior
Complexidade das Instruções	Baixa	Alta
Ciclos por Instrução	Geralmente 1	Variável
Exemplo	ARM	Intel x86

10.4.2 Vantagens e Desvantagens

RISC:

Vantagens:

- **Desempenho**: Com instruções que levam um ciclo de *clock*, o desempenho pode ser altamente previsível e eficiente.
- **Simplicidade**: Com menos instruções, o design do chip pode ser mais simples e limpo.
- **Economia de Energia**: Muitas vezes, são mais eficientes em termos de energia, o que os torna ideais para dispositivos móveis.

Desvantagens:

- **Software**: Requer código mais extenso e, muitas vezes, compiladores mais complexos.
- **Não é ideal para todas as aplicações**: Pode não ser a melhor escolha para aplicações que se beneficiam de instruções mais complexas.

CISC:

Vantagens:

- **Flexibilidade:** Com um vasto conjunto de instruções, pode realizar operações muito específicas e complexas.
- **Código Compacto**: Menos instruções são necessárias para realizar a mesma tarefa, em comparação com RISC.
- **Histórico**: Muitos sistemas e softwares foram originalmente projetados para arquiteturas CISC.

Desvantagens:

- **Consumo de Energia:** Tendem a consumir mais energia do que as contrapartes RISC.
- **Complexidade:** O design do chip pode ser mais complexo devido ao grande conjunto de instruções.

Na prática, a linha entre RISC e CISC tornou-se mais difusa ao longo dos anos, com microprocessadores modernos adotando características de ambos os lados. No entanto, entender essas arquiteturas e suas implicações é crucial para aqueles que se aprofundam no mundo dos circuitos digitais.

10.5 MULTICORE E PARALELISMO

10.5.1 Definição

O que são processadores *multicore* e porque foram desenvolvidos.

10.5.2 Vantagens do Paralelismo

Como o desempenho pode ser melhorado usando vários núcleos.

10.6 TENDÊNCIAS FUTURAS EM ARQUITETURA DE COMPUTADORES

10.6.1 Computação Quântica

Uma visão geral da próxima geração de computação.

10.6.2 Inteligência Artificial em Hardware

Como os chips estão sendo otimizados para IA.

10.7 CONCLUSÃO

À medida que avançamos para um mundo cada vez mais digital, a arquitetura de computadores e o design de microprocessadores continuam a evoluir. Compreender esses conceitos é fundamental para aproveitar ao máximo a tecnologia atual e antecipar as inovações do futuro.

CAPÍTULO 11:
LINGUAGENS DE DESCRIÇÃO DE HARDWARE (HDLS)

11.1 INTRODUÇÃO

As Linguagens de Descrição de Hardware (HDLs) desempenham um papel crucial na concepção e verificação de sistemas digitais. Estas linguagens permitem que os engenheiros descrevam e simulem o comportamento e a estrutura de circuitos integrados antes da fabricação física. As HDLs mais proeminentes incluem VHDL e Verilog.

11.2 BREVE HISTÓRICO DAS HDLS

As HDLs surgiram da necessidade de descrever sistemas digitais complexos de forma mais eficiente e flexível do que os métodos tradicionais, como esquemas. Ao longo das décadas, elas evoluíram para se tornarem ferramentas poderosas na indústria de semicondutores.

11.2.1 Introdução ao VHDL

- **Origens e História:** VHDL, sigla para VHSIC (*Very High-Speed Integrated Circuit*) H*ardware Description Language*, foi desenvolvido originalmente para o Departamento de Defesa dos EUA na década de 1980. O objetivo principal era facilitar o design e a verificação de circuitos integrados de alta velocidade, tendo em vista a crescente demanda por sistemas mais avançados e confiáveis no setor de defesa.

- **Propósito e Utilização:** Além de sua origem militar, o VHDL cresceu em popularidade e se tornou uma ferramenta padrão na indústria de semicondutores para a descrição, simulação e síntese de circuitos digitais, abrangendo desde simples lógicas combinacionais até sistemas complexos em chip (SoCs).

11.2.2 Estrutura Básica do VHDL

- **Entidades:** A entidade é a declaração de uma interface para um módulo particular no VHDL. Ele define as entradas e saídas do módulo sem especificar a funcionalidade interna.
- **Arquiteturas:** Uma arquitetura descreve a implementação de uma entidade. Ela contém a descrição do comportamento ou a estrutura do circuito. Uma entidade pode ter várias arquiteturas associadas, permitindo diferentes implementações para a mesma interface.
- **Processos:** Um processo em VHDL é uma sequência de comandos que são executados sequencialmente. É usado para descrever o comportamento do circuito em termos de variáveis e sinais.

11.2.3 Exemplos de Código

Porta AND Simples:

```
entity AND_gate is
  Port ( A : in  STD_LOGIC;
         B : in  STD_LOGIC;
         Y : out STD_LOGIC);
end AND_gate;
architecture Behavior of AND_gate is
begin
   Y <= A and B;
end Behavior;
```

Flip-Flop D:

```
entity D_flipflop is
  Port ( D : in  STD_LOGIC;
         CLK : in  STD_LOGIC;
         Q : out STD_LOGIC;
         QN : out STD_LOGIC);
end D_flipflop;
architecture Behavior of D_flipflop is
   signal temp : STD_LOGIC;
begin
   process(CLK)
```

```
begin
    if rising_edge(CLK) then
        temp <= D;
    end if;
end process;
Q <= temp;
QN <= not temp;
end Behavior;
```

Estes são exemplos simples para ilustrar a descrição de circuitos básicos em VHDL. Com uma compreensão mais profunda da linguagem, os designers podem criar descrições muito mais complexas e abrangentes de sistemas eletrônicos.

O VHDL, com sua capacidade de modelar circuitos de maneira abstrata e simular seu comportamento, desempenha um papel crucial na indústria moderna de semicondutores. Ele permite que os engenheiros verifiquem a funcionalidade de seus designs antes da fabricação, economizando tempo e recursos.

11.3 VERILOG

11.3.1 Introdução ao Verilog

- **Origens e História**: Verilog foi desenvolvido no final da década de 1980 com o intuito de ser uma linguagem de descrição e verificação de hardware. Rapidamente, tornou-se uma das linguagens de descrição de hardware (HDL) mais populares, especialmente nos EUA, sendo amplamente adotada pela indústria de semicondutores.

- **Propósito e Utilização:** Assim como VHDL, Verilog permite que engenheiros e designers descrevam a estrutura e o comportamento dos circuitos eletrônicos. Devido à sua sintaxe concisa e semelhança com linguagens de programação tradicionais, Verilog tornou-se a escolha preferida de muitos designers para modelagem, simulação e síntese de circuitos.

11.3.2 Estrutura Básica do Verilog

- **Módulos:** No Verilog, cada circuito ou componente é descrito como um "módulo". Um módulo pode representar qualquer elemento, desde uma simples porta lógica até um processador completo.
- **Primitivas:** São os blocos de construção básicos em Verilog, como portas lógicas (and, or, not) e flip-flops. Eles podem ser usados diretamente ou serem parte de módulos mais complexos.
- **Hierarquia:** Módulos podem ser instanciados dentro de outros módulos, permitindo a criação de designs hierárquicos e modulares. Isso facilita a reutilização de código e a organização de designs complexos.

11.3.3 Exemplos de Código

Porta AND Simples:

```
module AND_gate(input A, input B, output Y);
   assign Y = A & B;
endmodule
```

Flip-Flop D:

```
module D_flipflop(input D, input CLK, output Q, output QN);
  reg temp;
  always @(posedge CLK) begin
    temp <= D;
  end
  assign Q = temp;
  assign QN = ~temp;
endmodule
```

Estes exemplos oferecem uma visão inicial de como o Verilog é usado para descrever circuitos digitais. Conforme os designers se aprofundam na linguagem, eles podem criar descrições mais elaboradas, incluindo lógica sequencial, máquinas de estados e sistemas mais complexos.

O Verilog, com sua flexibilidade e sintaxe intuitiva, é uma ferramenta indispensável para o design moderno de circuitos e sistemas digitais. Ele não apenas permite a descrição detalhada de hardware, mas também oferece recursos robustos para simulação e verificação, garantindo que os designs atendam às especificações desejadas antes da fabricação.

11.4 CONCLUSÃO

As HDLs, incluindo VHDL e Verilog, transformaram a maneira como os circuitos digitais são projetados e verificados. Elas permitem simulações precisas e eficientes, acelerando o processo de design e reduzindo os custos. Com o aumento da complexidade dos sistemas eletrônicos, espera-se que o papel das HDLs se torne ainda mais essencial no futuro.

CAPÍTULO 12:
PROJETO E OTIMIZAÇÃO DE SISTEMAS DIGITAIS

12.1 INTRODUÇÃO

O projeto de sistemas digitais não se limita apenas à concepção de um circuito que atenda a um conjunto específico de requisitos. É igualmente crucial garantir que o design seja otimizado em termos de desempenho, consumo de energia, área e custo. Este capítulo explora os métodos e técnicas utilizados no projeto e otimização de sistemas digitais.

12.2 FUNDAMENTOS DO PROJETO DIGITAL

12.2.1 Abstração em Projetos Digitais

A abstração é um conceito fundamental em engenharia e ciência da computação. Ao lidar com sistemas complexos, a abstração permite que designers dividam o problema em componentes mais simples e gerenciáveis.

Exemplo: Imagine um processador complexo como o que está em um computador moderno. Em vez de tratar o processador como uma única entidade, os designers o dividem em várias camadas de abstração, desde transistores individuais, até blocos lógicos, e finalmente funções de alto nível como unidades aritméticas e de controle.

12.2.2 Tipos de Projetos

- **Projetos Combinacionais**: Estes são circuitos cuja saída é determinada apenas pelo seu estado atual de entrada. Não têm memória ou elementos de armazenamento. Exemplos incluem somadores, multiplicadores e decodificadores.

- **Projetos Sequenciais**: Estes são circuitos cuja saída é determinada pela entrada atual e pelo estado anterior. Eles têm elementos de memória, como flip-flops. Exemplos incluem contadores, registradores e máquinas de estado.

Exemplo: Um somador é um circuito combinacional que pega duas entradas numéricas e produz uma soma. Por outro lado, um contador é um circuito sequencial que mantém um registro do número de pulsos de entrada e incrementa seu valor a cada pulso.

12.2.3 Ferramentas e Softwares

A indústria de design digital é abastecida por uma variedade de ferramentas CAD (*Computer-Aided Design*) que auxiliam os designers em todos os estágios do processo, desde a concepção inicial até a simulação, teste e fabricação.

Exemplo: Algumas das ferramentas CAD mais populares incluem o Xilinx Vivado para design FPGA, o Cadence para design de circuitos integrados e o ModelSim para simulação de HDL.

Ao dominar os fundamentos do design digital e empregar as técnicas e ferramentas adequadas, os engenheiros podem criar sistemas digitais que não apenas atendem às especificações desejadas, mas também são otimizados para desempenho, eficiência e custo.

12.3 MÉTODOS DE OTIMIZAÇÃO

12.3.1 Otimização de Desempenho

O desempenho é frequentemente uma métrica crítica em design digital. Aumentar a velocidade de operação de um circuito pode ser vital para aplicações como processamento de sinal, computação gráfica e sistemas de controle em tempo real.

- *Pipelining*: Esta técnica envolve a divisão de uma operação em etapas menores, onde cada etapa é processada por uma diferente seção do circuito. Assim que uma etapa completa sua operação, ela passa o resultado para a próxima etapa e começa a processar a próxima entrada.

Exemplo: Considere um processador que tem quatro estágios: busca, decodificação, execução e gravação. Em vez de esperar que todos os quatro estágios sejam concluídos para uma instrução antes de iniciar a próxima, o *pipelining* permite que uma nova instrução comece antes da anterior ser concluída. Assim, após um certo ponto, quatro instruções diferentes podem ser processadas simultaneamente em diferentes estágios, aumentando efetivamente a taxa de *throughput* do processador.

- **Paralelização**: Envolve a execução de múltiplas operações ao mesmo tempo, aproveitando múltiplos recursos de hardware.

Exemplo: Em processamento gráfico, onde é necessário calcular a cor de milhões de pixels, a paralelização é usada para processar muitos pixels simultaneamente, usando múltiplos núcleos ou unidades de processamento em uma GPU.

12.3.2 Otimização de Consumo de Energia

À medida que os dispositivos eletrônicos se tornam mais portáteis e integrados, o consumo de energia torna-se uma consideração crítica.

- **Desligamento Dinâmico**: Esta técnica envolve desligar partes do circuito que não estão em uso, economizando energia.

Exemplo: Em um *smartphone*, quando não está em uso, o Wi-Fi, a tela e outros componentes podem ser desligados ou colocados em um modo de baixa energia para conservar a bateria.

- **Redução de Tensão**: Operar o circuito em uma tensão mais baixa reduz o consumo de energia, embora possa reduzir o desempenho.

Exemplo: Muitos processadores modernos têm a capacidade de operar em múltiplos níveis de tensão. Quando a demanda de desempenho é baixa, o processador pode operar em uma tensão mais baixa, economizando energia.

12.3.3 Otimização de Área

Minimizar a área do chip pode reduzir custos e aumentar a densidade de integração.

- **Reutilização de Componentes**: Em vez de projetar componentes do zero, os designers podem reutilizar blocos de design comprovados.

Exemplo: Um designer que precisa de múltiplas unidades aritméticas em um chip pode projetar uma e, em seguida, replicá-la conforme necessário, garantindo consistência e economizando tempo de design.

- **Minimização da Lógica**: Técnicas como a minimização de Karnaugh e algoritmos de Quine-McCluskey podem ser usadas para encontrar a representação mais compacta de uma função lógica.

Exemplo: Uma função lógica que inicialmente requer dez portas AND e OR pode, após a minimização, precisar de apenas cinco, economizando espaço e potencialmente melhorando o desempenho.

Estas técnicas de otimização são fundamentais para os designers de sistemas digitais que buscam criar dispositivos mais rápidos, eficientes em termos de energia e rentáveis. A implementação bem-sucedida dessas estratégias pode ser a diferença entre um produto de sucesso e um que não atende às expectativas do mercado.

12.4 TÉCNICAS AVANÇADAS DE PROJETO

12.4.1 Projeto de Sistemas Embarcados

Sistemas embarcados são computadores especializados que são integrados em dispositivos maiores para realizar funções específicas. Eles estão em todos os lugares, desde eletrodomésticos e carros até dispositivos médicos e aeroespaciais.

- **Características**: Ao contrário dos PCs, que são projetados para serem genéricos e executar uma ampla variedade de aplicativos, sistemas embarcados são otimizados para uma tarefa específica e, muitas vezes, têm recursos limitados em termos de memória, poder de processamento e conectividade.
- **Exemplo**: Um *pacemaker* cardíaco é um exemplo de um sistema embarcado. Ele precisa monitorar constantemente os batimentos cardíacos e fornecer estímulos elétricos quando necessário. O design deste dispositivo precisa ser extremamente confiável, eficiente em termos de energia e compacto, uma vez que a vida do paciente pode depender dele.

12.4.2 Projeto Orientado por Restrições

Todo projeto de sistema digital vem com um conjunto de restrições, sejam elas de desempenho, tamanho, consumo de energia ou custo. Estas restrições muitas vezes definem os limites dentro dos quais o sistema deve operar.

- **Implicações**: As restrições de projeto podem ditar as tecnologias usadas, a arquitetura do sistema e as técnicas de otimização aplicadas. Por exemplo, um dispositivo que precisa ter uma longa duração de bateria pode sacrificar o desempenho para economizar energia.
- **Exemplo**: Considere um relógio inteligente. Ele tem restrições de tamanho, já que precisa ser pequeno o suficiente para ser usado no pulso, restrições de energia, pois a bateria precisa durar pelo menos um dia inteiro, e restrições de desempenho, pois precisa ser rápido o suficiente para fornecer uma boa experiência ao usuário.

Cada uma dessas restrições influenciará as decisões tomadas durante o design do dispositivo.

12.4.3 Verificação e Teste

Uma vez que um sistema digital é projetado, é crucial garantir que ele funcione conforme o esperado. A verificação e o teste são etapas essenciais do processo de design.

- **Simulação**: Antes de fabricar um chip, os designers usam software para simular o comportamento do sistema e garantir que ele atenda às especificações.
- **Teste de Hardware**: Após a fabricação, os chips são testados para garantir que funcionem corretamente. Isso pode envolver a alimentação de entradas conhecidas e a verificação das saídas.
- **Exemplo**: Imagine um chip projetado para processar sinais de vídeo. Durante a fase de simulação, os designers podem alimentá-lo com um sinal de vídeo de teste e verificar se a saída é a esperada. Após a fabricação, o chip pode ser testado novamente, desta vez em hardware real, para garantir que ele funcione corretamente em condições reais.

O design avançado de sistemas digitais é uma interseção de tecnologia, matemática e arte. Através da combinação de técnicas avançadas de projeto com uma compreensão profunda das restrições e objetivos do projeto, os engenheiros podem criar sistemas que são poderosos, eficientes e confiáveis.

Conclusão

O projeto e otimização de sistemas digitais é uma área em constante evolução, impulsionada pela incessante demanda por dispositivos mais rápidos, menores e mais eficientes em termos de energia. Compreender os princípios fundamentais e as técnicas avançadas desta disciplina é crucial para os engenheiros e designers que buscam inovar na era digital.

CAPÍTULO 13:
TESTE E DEPURAÇÃO DE CIRCUITOS DIGITAIS

13.1 FUNDAMENTOS DO TESTE DE CIRCUITOS

13.1.1 A Necessidade de Testes

Cada componente de um sistema digital, seja ele um simples transistor ou um complexo processador *multicore*, deve funcionar conforme o esperado. Os testes garantem a confiabilidade, a durabilidade e a funcionalidade correta do circuito.

Exemplo: Imagine um sistema de freio eletrônico em um automóvel. Se não for testado adequadamente, uma falha durante uma situação crítica pode resultar em um acidente grave. Assim, os testes garantem que o sistema funcione corretamente em todas as situações possíveis.

13.1.2 Tipos de Falhas

- **Falhas Permanentes**: São defeitos inerentes ao hardware que sempre resultam em mau funcionamento, como um curto-circuito ou uma interrupção em uma linha de transmissão.
- **Falhas Intermitentes**: Estas ocorrem esporadicamente e são frequentemente causadas por condições

ambientais, como flutuações de temperatura ou interferência eletromagnética.

- **Falhas Dinâmicas**: São causadas por condições operacionais, como picos de tensão ou flutuações de frequência, e podem não ser repetíveis sob as mesmas condições.

Exemplo: Uma falha permanente pode ser causada por um defeito de fabricação, enquanto uma falha intermitente pode ser causada por uma solda solta que, ocasionalmente, perde contato. Uma falha dinâmica pode ocorrer quando um sistema é submetido a uma carga súbita que excede sua capacidade nominal.

13.1.3 Cobertura de Teste

A cobertura de teste refere-se à extensão do sistema que é verificada durante os testes. Uma cobertura de 100% significa que cada parte do sistema foi testada e verificada.

- **Métricas de Cobertura**: Incluem cobertura de instruções, cobertura de ramos e cobertura de condições, entre outras.
- **Importância**: Garantir uma cobertura de teste adequada é crucial para identificar e corrigir falhas, melhorar a confiabilidade do sistema e reduzir o risco de falhas operacionais.

Exemplo: Se um chip tem um milhão de transistores e apenas 95% deles são testados, 50.000 transistores permanecem não verificados. Mesmo uma única falha em um desses transistores não testados pode causar um mau funcionamento do sistema.

Testar e depurar são aspectos críticos do design de sistemas digitais. Eles garantem que os sistemas sejam confiáveis, robustos e aptos a funcionar em condições do mundo real. Conforme os sistemas se tornam mais complexos, as técnicas e ferramentas de teste também evoluem, garantindo que possamos continuar a confiar nos dispositivos digitais que permeiam nosso cotidiano.

13.2 TÉCNICAS DE TESTE

13.2.1 Teste Funcional

O Teste Funcional concentra-se em verificar se um circuito está operando conforme as especificações e expectativas. Em vez de examinar os componentes individuais do circuito, o teste funcional avalia o comportamento geral do circuito quando fornecido com certas entradas e verifica se as saídas correspondem ao esperado.

Exemplo: Imagine um circuito projetado para executar a multiplicação de dois números. No teste funcional, esse circuito seria alimentado com pares de números conhecidos e as saídas seriam verificadas. Por exemplo, se as entradas fossem 3 e 4, o teste seria considerado bem-sucedido se a saída fosse 12.

13.2.2 Teste Estrutural

O Teste Estrutural, ao contrário do funcional, foca nos componentes internos do circuito. Ele procura falhas específicas em componentes individuais e nas interconexões entre eles.

- **Teste de Varredura**: Uma técnica popular em teste estrutural, onde os flip-flops em um circuito são reconfigurados em uma longa cadeia de registro de deslocamento. Isso permite que os testadores "varram" valores específicos através do circuito e observem as saídas, facilitando a identificação de falhas.

Exemplo: Considere um chip que contém milhares de flip-flops. Ao usar o teste de varredura, os testadores podem efetivamente transformar esses flip-flops em uma longa sequência, permitindo-lhes injetar e capturar valores de teste, isolando assim componentes individuais para teste direto.

13.2.3 Teste de Falhas

O Teste de Falhas envolve a simulação intencional de falhas em um circuito para avaliar sua robustez e determinar como ele reage em condições adversas.

- **Técnicas**: As falhas podem ser simuladas de várias maneiras, como interrompendo o fornecimento de energia, introduzindo sinais de ruído ou elevando a temperatura. O objetivo é verificar se o sistema pode se recuperar de falhas, ou pelo menos falhar de maneira segura.

Exemplo: Imagine um sistema de *airbag* em um carro. O teste de falhas pode envolver a simulação de falhas em sensores ou na unidade de controle para garantir que o *airbag* ainda seja acionado em condições reais de acidente, ou que não seja acionado indevidamente, o que poderia ser perigoso para os ocupantes.

Estas técnicas de teste são vitais para garantir a confiabilidade dos circuitos digitais em um mundo onde a eletrônica desempenha um papel cada vez mais crítico em quase todos os aspectos de nossas vidas. Através de testes rigorosos, os designers e engenheiros podem assegurar que seus produtos não apenas atendam às especificações, mas também operem com segurança e confiabilidade em condições do mundo real.

13.3 DEPURAÇÃO E FERRAMENTAS DE DIAGNÓSTICO

13.3.1 Técnicas de Depuração

A depuração é o processo de identificar, localizar e corrigir falhas em circuitos. É uma parte crucial do design e desenvolvimento, especialmente quando os circuitos se tornam complexos.

- **Depuração Passo a Passo**: Uma abordagem sistemática onde o circuito é testado em estágios incrementais, permitindo a identificação de falhas em etapas específicas.
- **Isolamento de Componentes**: Divide o circuito em seções menores ou módulos e testa cada seção individualmente.
- **Técnicas de *Backtracking***: Começa com o sintoma observado da falha e rastreia o circuito de volta à sua fonte.

Exemplo: Se um circuito de processamento de sinal está produzindo uma saída distorcida, a técnica de depuração passo a passo pode envolver a verificação da entrada, depois os estágios intermediários de processamento, e finalmente a saída, para identificar em que ponto a distorção começa.

13.3.2 Osciloscópios e Analisadores Lógicos

Estas são ferramentas essenciais que fornecem uma representação visual das tensões e sinais em um circuito.

- **Osciloscópio**: Uma ferramenta que permite aos engenheiros visualizar sinais elétricos, mostrando como a tensão varia com o tempo.
- **Analisadores Lógicos**: Especialmente úteis para circuitos digitais, eles capturam e exibem sinais de múltiplos canais simultaneamente, permitindo a análise de sequências de sinais e a relação temporal entre eles.

Exemplo: Imagine que um designer esteja tentando identificar um problema de sincronização em um circuito. Usando um analisador lógico, ele pode capturar os sinais de dois diferentes pontos do circuito e comparar o *timing* deles para identificar qualquer desalinhamento.

13.3.3 Simulação e Modelagem

Antes da fabricação, os circuitos são frequentemente simulados para prever seu comportamento.

- **Softwares de Simulação**: Permitem que os designers insiram especificações e vejam como o circuito proposto responderá sob várias condições.

- **Modelagem**: Refere-se à criação de representações matemáticas do circuito, que podem ser usadas para prever o comportamento em diferentes cenários.

Exemplo: Um engenheiro que está projetando um novo filtro digital pode primeiro modelá-lo em um software de simulação. Ao fornecer um sinal de entrada conhecido, ele pode observar a saída e ajustar o design conforme necessário antes da implementação física.

A depuração e as ferramentas de diagnóstico são cruciais no ciclo de vida do design de circuitos digitais. Eles garantem que o circuito não apenas funcione conforme o esperado, mas também atenda aos padrões de confiabilidade, eficiência e segurança. Estas ferramentas e técnicas são os olhos e ouvidos dos designers, permitindo-lhes ver e corrigir problemas antes que eles se manifestem em falhas do mundo real.

13.4 DESAFIOS E TENDÊNCIAS FUTURAS

13.4.1 Teste de Sistemas Embarcados

Sistemas embarcados são computadores especializados projetados para realizar funções específicas e são frequentemente encontrados em dispositivos como *smartphones*, automóveis e eletrodomésticos.

- **Construção Integrada**: Os componentes de sistemas embarcados são frequentemente altamente integrados, o que pode tornar difícil isolar e testar componentes individuais.

- **Diversidade de Funções**: Um único dispositivo pode gerenciar várias funções, desde conectividade sem fio até controle de motor, cada uma com suas próprias necessidades de teste.

Exemplo: Em um carro moderno, o sistema embarcado pode controlar tudo, desde a navegação e entretenimento até a frenagem e direção. Testar cada um desses sistemas de maneira isolada, e depois em conjunto, é um enorme desafio devido às interdependências e à complexidade geral.

13.4.2 Automação e Inteligência Artificial

A automação e a IA estão se tornando ferramentas vitais na identificação e correção de falhas em circuitos digitais.

- **Teste Adaptativo**: Algoritmos de IA podem adaptar estratégias de teste com base em resultados anteriores, otimizando o processo de identificação de falhas.

- **Previsão de Falhas**: Modelos de aprendizado de máquina podem ser treinados para prever pontos de falha potenciais em um circuito, direcionando esforços de teste para essas áreas.

Exemplo: Imagine um chip que foi retornado devido a falhas. Usando IA, os engenheiros podem analisar os dados de teste desse chip e ajustar automaticamente os parâmetros de teste para chips futuros, antecipando problemas similares e melhorando a eficiência do processo de teste.

13.4.3 Teste de Sistemas em Chip (SoC)

SoCs combinam múltiplos componentes de hardware em um único chip, como CPUs, GPUs, memória e interfaces de comunicação.

- **Complexidade Aumentada**: Com muitos sistemas operando em um único chip, os desafios de teste e depuração se multiplicam.
- **Interdependências**: Falhas em uma parte do SoC podem afetar outras partes, tornando a identificação da causa raiz um desafio.

Exemplo: Um SoC em um *smartphone* pode incluir um processador, uma unidade gráfica, um modem celular e sensores. Se o telefone começar a superaquecer durante a execução de um aplicativo gráfico intenso, o problema pode estar no design da GPU, na maneira como a CPU e a GPU interagem, ou em algum outro lugar do SoC. Isolar e corrigir essa falha requer uma abordagem de teste abrangente.

À medida que avançamos para uma era de eletrônicos cada vez mais compactos e poderosos, os desafios de teste e depuração continuarão a crescer. No entanto, com o advento de novas tecnologias e metodologias, como a inteligência artificial e a automação, os engenheiros estão mais bem equipados do que nunca para enfrentar esses desafios e garantir a entrega de dispositivos confiáveis e de alto desempenho.

13.5 CONCLUSÃO

O teste e a depuração são etapas cruciais no ciclo de vida do design de circuitos digitais. As técnicas e ferramentas modernas garantem que os dispositivos operem de maneira confiável e eficiente. Com a rápida evolução da tecnologia, os métodos de teste e depuração continuarão a se adaptar e inovar.

CAPÍTULO 14:
CONSIDERAÇÕES DE DESEMPENHO E OTIMIZAÇÃO

14.1 INTRODUÇÃO

No cenário atual de design de sistemas digitais, simplesmente criar um circuito que funcione não é suficiente. É imperativo que o circuito opere de maneira eficiente, atendendo a métricas de desempenho rigorosas. Este capítulo mergulha nas considerações críticas de desempenho e nas técnicas de otimização usadas para melhorar os sistemas digitais.

14.2 AVALIANDO O DESEMPENHO

14.2.1 Métricas de Desempenho

Medir o desempenho é crucial para entender a eficiência e a eficácia de um sistema digital. Ao avaliar o desempenho, é vital usar métricas relevantes e significativas que forneçam *insights* claros.

- **Tempo de Ciclo:** Refere-se ao tempo necessário para completar um ciclo de operação. Em CPUs, por exemplo, é o tempo que leva para processar uma instrução ou um conjunto de instruções.

- **Throughput**: Mede o número de operações que um sistema pode executar em uma unidade de tempo. Em redes, por exemplo, o *throughput* pode se referir à quantidade de dados transmitidos por segundo.
- **Latência**: É o atraso entre o início e a conclusão de uma operação. Em sistemas de armazenamento, por exemplo, a latência pode se referir ao tempo que leva para recuperar um dado após a solicitação.

Exemplo: Em um servidor *web*, o tempo de ciclo pode se referir ao tempo necessário para processar uma única solicitação, o *throughput* seria o número de solicitações atendidas por segundo, e a latência o tempo entre uma solicitação ser feita e a primeira resposta ser recebida pelo cliente.

14.2.2 Benchmarks

Benchmarks são testes padronizados usados para avaliar o desempenho de sistemas em relação a uma medida padrão ou em comparação com outros sistemas.

- **Importância**: Os *benchmarks* fornecem um ponto de referência comum, permitindo que os designers e consumidores comparem o desempenho de diferentes sistemas ou versões de um sistema.
- **Exemplo de Benchmarks**: Em CPUs, *benchmarks* como o SPECint e o SPECfp são usados para medir o desempenho de processamento inteiro e em ponto flutuante, respectivamente.

Exemplo: Ao avaliar dois modelos diferentes de *smartphones*, um *benchmark* pode ser usado para comparar a velocidade com que eles executam um conjunto específico de tarefas, como renderizar um vídeo ou abrir um aplicativo pesado. Esse *benchmark* forneceria uma comparação direta de seu desempenho relativo.

14.2.3 Monitoramento e Análise

Monitorar o desempenho em tempo real é essencial para garantir que um sistema funcione de maneira otimizada e identificar possíveis gargalos ou áreas de melhoria.

- **Ferramentas de Monitoramento**: Softwares e hardwares que fornecem *insights* em tempo real sobre o desempenho do sistema, como uso de CPU, memória e largura de banda da rede.

- **Análise de Desempenho**: Depois de coletar dados, a análise ajuda a interpretar esses dados, identificar tendências, gargalos e oportunidades de otimização.

Exemplo: Em um centro de dados, as ferramentas de monitoramento podem mostrar o uso da CPU e da memória em servidores individuais. Se um servidor estiver consistentemente atingindo 100% de utilização da CPU, isso seria um indicador de que ele pode ser um gargalo e precisar de atualização ou otimização.

O desempenho é uma característica crítica de qualquer sistema digital, e sua avaliação adequada é fundamental para garantir que o sistema atenda às expectativas e necessidades dos usuários. Usando métricas adequadas, *benchmarks* e ferramentas de monitoramento, os designers e engenheiros podem garantir que seus sistemas sejam otimizados para desempenho máximo.

14.3 TÉCNICAS DE OTIMIZAÇÃO DE DESEMPENHO

14.3.1 Otimização de Software

A otimização do software refere-se ao processo de aprimorar o código e os algoritmos para melhorar a eficiência e o desempenho de um programa ou sistema.

- **Código Eficiente**: A escrita de código limpo e conciso pode reduzir significativamente o tempo de execução. Isso inclui evitar *loops* desnecessários, reutilizar código quando possível e escolher estruturas de dados apropriadas.
- **Algoritmos Otimizados**: A escolha ou design de algoritmos mais eficientes pode fazer uma diferença significativa no desempenho. Por exemplo, um algoritmo de ordenação eficiente pode processar dados muito mais rapidamente do que um método menos eficiente.

Exemplo: Considere um programa que busca um item em uma lista. Usar um algoritmo de busca binária em uma lista ordenada é muito mais rápido do que uma busca linear em uma lista não ordenada.

14.3.2 Otimização de Hardware

A otimização do hardware envolve aprimorar o desempenho físico dos componentes de um sistema.

- *Pipelining*: Divide uma operação em etapas e processa várias operações simultaneamente em diferentes etapas. Por exemplo, enquanto uma instrução está sendo executada, a próxima pode estar sendo decodificada.

- **Paralelização**: Executa várias operações ou tarefas simultaneamente. CPUs *multicore*, por exemplo, podem processar várias *threads* ou processos ao mesmo tempo.
- **Técnicas de Predição**: Como a predição de ramificação em CPUs, onde o hardware tenta prever o resultado de uma operação condicional e começa a executar a próxima instrução antes de saber o resultado real.

Exemplo: Em um processador moderno, enquanto uma instrução está sendo processada em um núcleo, outros núcleos podem estar executando outras instruções simultaneamente, aproveitando a paralelização.

14.3.3 Otimização de Energia e Calor

À medida que os dispositivos se tornam mais potentes, o gerenciamento do consumo de energia e do calor gerado torna-se crucial.

- **Redução de Tensão**: Operar componentes em tensões mais baixas pode reduzir o consumo de energia, embora possa reduzir a velocidade de operação.
- **Desligamento Dinâmico**: Desligar temporariamente partes do sistema que não estão em uso. Por exemplo, desativar um núcleo de CPU que não está sendo usado.
- **Sistemas de Refrigeração Eficientes**: Uso de soluções de resfriamento, como dissipadores de calor, pastas térmicas e sistemas de refrigeração líquida, para dissipar o calor gerado pelos componentes.

Exemplo: Em um *smartphone*, quando não está sendo usado, o sistema pode desligar dinamicamente o GPS, Wi-Fi e outros componentes para economizar energia. Quando o usuário inicia um aplicativo intensivo, o sistema pode ativar um modo de resfriamento para evitar o superaquecimento.

A otimização de desempenho é uma parte essencial do design e desenvolvimento de sistemas digitais. Garante que os sistemas não apenas atendam às expectativas dos usuários, mas também operem de maneira eficiente, confiável e durável. A combinação de otimizações de software e hardware, juntamente com o gerenciamento eficaz de energia e calor, pode levar a sistemas de alto desempenho que atendem e superam as necessidades do mundo moderno.

14.4 DESAFIOS NA OTIMIZAÇÃO

14.4.1 Compromissos de Design

A otimização muitas vezes envolve equilibrar diferentes métricas para alcançar um desempenho ideal, e isso pode levar a compromissos significativos no design.

- **Equilibrando Desempenho e Consumo de Energia**: Aumentar o desempenho muitas vezes resulta em maior consumo de energia. Por exemplo, aumentar a velocidade de *clock* de um CPU pode acelerar as operações, mas também aumentará o consumo de energia e o calor gerado.
- **Custo e Desempenho**: Componentes de alta performance geralmente custam mais. Um SSD, por exemplo, oferece velocidades de leitura e gravação muito mais rápidas do que um HDD tradicional, mas também é mais caro.

Exemplo: Em *smartphones*, um display de alta resolução proporciona uma melhor experiência visual, mas também consome mais energia, reduzindo a vida útil da bateria. Os fabricantes devem equilibrar essas considerações ao projetar um novo dispositivo.

14.4.2 Limitações Físicas

À medida que avançamos para uma tecnologia mais avançada, enfrentamos desafios físicos que podem limitar o quanto podemos otimizar os sistemas.

- **Tamanho do Transistor**: À medida que os transistores se tornam menores, questões como vazamento de corrente e interferência tornam-se preocupantes.
- **Velocidades de Clock**: Aumentar a velocidade do *clock* melhora o desempenho, mas pode levar a problemas como aquecimento excessivo e consumo elevado de energia.

Exemplo: Os chips de CPU modernos estão se aproximando dos limites físicos de quão pequenos os transistores podem ser feitos usando técnicas tradicionais de fabricação de silício. Isso levou a indústria a explorar novos materiais e técnicas para continuar a miniaturização.

14.4.3 Teste e Validação

As otimizações, embora pretendam melhorar o desempenho, também podem introduzir novos problemas se não forem adequadamente testadas e validadas.

- **Garantindo Funcionalidade**: Uma otimização que melhora a velocidade, por exemplo, não deve comprometer outras funções do sistema.
- **Confiabilidade a Longo Prazo**: As otimizações não devem introduzir problemas que possam causar falhas a longo prazo ou reduzir a vida útil do sistema.

Exemplo: Em um software de processamento de imagem, uma otimização que acelera a renderização de imagens não deve comprometer a qualidade da imagem final. Se uma otimização resulta em imagens granuladas ou cores imprecisas, por mais rápida que seja, ela não seria considerada bem-sucedida.

Otimizar sistemas digitais é uma tarefa complexa que requer consideração cuidadosa de várias métricas e desafios. Os designers e engenheiros devem equilibrar cuidadosamente os benefícios das otimizações com os possíveis compromissos e limitações, garantindo que os sistemas finais sejam não apenas rápidos e eficientes, mas também confiáveis e robustos.

14.5 TENDÊNCIAS FUTURAS EM OTIMIZAÇÃO E DESEMPENHO

14.5.1 Computação Neuromórfica

A computação neuromórfica refere-se a sistemas computacionais que são modelados após as redes neurais do cérebro humano, oferecendo maneiras inovadoras de processar informações.

- **Inspiração Cerebral**: Assim como o cérebro humano processa informações usando uma vasta rede de neurônios interconectados, os chips neuromórficos usam circuitos que imitam essas redes neurais.

- **Eficiência Energética**: Uma das principais vantagens dos sistemas neuromórficos é que eles podem ser incrivelmente eficientes em termos de energia, especialmente para tarefas como reconhecimento de padrões e aprendizado de máquina.

Exemplo: O chip "TrueNorth" da IBM é um exemplo de hardware neuromórfico. É projetado para imitar o funcionamento do cérebro e pode executar complexas tarefas de aprendizado de máquina com um consumo de energia muito baixo, tornando-o ideal para aplicações como robótica e análise de vídeo em tempo real.

14.5.2 Computação Quântica

A computação quântica representa uma ruptura fundamental com os sistemas computacionais tradicionais e tem o potencial de revolucionar a otimização e o desempenho.

- **Qubits**: Ao contrário dos bits tradicionais que são 0 ou 1, os *qubits* podem existir em um estado superposto de ambos. Isso permite que os computadores quânticos processem uma quantidade massiva de informações simultaneamente.
- **Desafios e Promessas**: Embora a computação quântica ofereça potencialmente velocidades incríveis, ela também apresenta desafios significativos, incluindo a necessidade de operar em temperaturas extremamente baixas e a correção de erros quânticos.

Exemplo: A fatoração de números grandes é uma tarefa computacionalmente intensiva para computadores clássicos. Um computador quântico, usando o algoritmo de Shor, pode teoricamente fatorar esses números em um tempo muito mais curto, tornando-o uma ameaça potencial à criptografia tradicional.

14.5.3 Inteligência Artificial e Otimização

A IA está se tornando uma ferramenta indispensável para otimizar sistemas e melhorar o desempenho em uma ampla variedade de aplicações.

- **Automação e Aprendizado**: Algoritmos de IA podem analisar dados em tempo real, aprender com eles e fazer ajustes automáticos para otimizar o desempenho.
- **Aplicações Práticas:** Desde a otimização de redes de entrega de conteúdo até a melhoria da eficiência de centros de dados, a IA está desempenhando um papel crucial na otimização de sistemas em muitos setores.

Exemplo: Em centros de dados, algoritmos de IA podem monitorar o uso de recursos em tempo real e redistribuir cargas de trabalho para otimizar o desempenho e a eficiência energética. Um exemplo notável é o sistema de resfriamento do centro de dados do Google, que usa aprendizado de máquina para reduzir o consumo de energia.

14.6 CONCLUSÃO

O desempenho e a otimização são considerações centrais no design moderno de sistemas digitais. Com a crescente demanda por dispositivos mais rápidos e eficientes, as técnicas de otimização continuarão a evoluir, moldando o futuro da tecnologia digital.

CAPÍTULO 15:
LÓGICA FUZZY

15.1 INTRODUÇÃO

A Lógica Fuzzy, ou Lógica Nebulosa, representa uma abordagem alternativa à lógica booleana tradicional. Em vez de valores binários estritos de verdadeiro ou falso, a lógica fuzzy opera em graus de verdade, permitindo uma representação mais rica e matizada da realidade. Este capítulo explora os fundamentos, aplicações e implicações da lógica fuzzy no contexto da computação.

15.2 FUNDAMENTOS DA LÓGICA FUZZY

15.2.1 História e Origens

A lógica fuzzy, também conhecida como lógica difusa, foi introduzida pelo Dr. Lotfi Zadeh, professor da Universidade da Califórnia em Berkeley, em 1965. Diferentemente da lógica booleana tradicional, que lida com verdade absoluta ou falsidade, a lógica fuzzy trabalha com graus de verdade.

Exemplo: Em vez de um sistema de ar-condicionado que está simplesmente ligado ou desligado, um sistema baseado em lógica fuzzy pode considerar várias variáveis, como temperatura atual, umidade e presença de pessoas, para determinar um nível "apropriado" de resfriamento.

15.2.2 Conjuntos Fuzzy

Enquanto conjuntos tradicionais têm uma definição clara de pertencimento (um elemento pertence ou não a um conjunto), conjuntos fuzzy permitem graus de pertencimento, representados por valores entre 0 e 1.

- **Representação Matemática:** Um conjunto fuzzy A em um universo de discurso X é definido como um conjunto de pares ordenados: $A=\{(x,\mu A(x))|x \in X\}$ Onde $\mu A(x)$ é a função de pertencimento, que dá o grau de pertencimento de x ao conjunto fuzzy A.

Exemplo: Considere o conjunto fuzzy de "pessoas altas". Em vez de definir uma altura exata que separa pessoas altas de baixas, poderíamos dizer que alguém com 1,70m pertence ao conjunto "pessoas altas" com um grau de 0,5, enquanto alguém com 1,90m pertence com um grau de 0,9.

15.2.3 Operações em Conjuntos Fuzzy

As operações básicas, como união, interseção e complemento, têm definições correspondentes no contexto fuzzy.

- **União:** A união de dois conjuntos fuzzy A e B é o conjunto cuja função de pertencimento é o máximo das funções de pertencimento de A e B.
- **Interseção:** A interseção de A e B é o conjunto cuja função de pertencimento é o mínimo das funções de pertencimento de A e B.
- **Complemento:** O complemento de A é o conjunto cuja função de pertencimento é 1 menos a função de pertencimento de A.

Exemplo: Se tivermos dois conjuntos fuzzy, "pessoas jovens" e "pessoas estudantes", a interseção desses conjuntos poderia representar "estudantes jovens", onde a função de pertencimento de um indivíduo é determinada pegando o valor mínimo entre seu pertencimento aos conjuntos "jovem" e "estudante".

A lógica fuzzy, com sua abordagem flexível para a verdade e a definição, tem uma ampla gama de aplicações em sistemas de controle, tomada de decisão, e em áreas de pesquisa que lidam com incerteza e ambiguidade. Ela permite que os sistemas operem de uma maneira mais "humana", levando em conta nuances e graus de verdade em vez de binários estritos de verdadeiro ou falso.

15.3 SISTEMAS BASEADOS EM LÓGICA FUZZY

15.3.1 Mecanismos de Inferência Fuzzy

O mecanismo de inferência fuzzy é a parte central de um sistema baseado em lógica fuzzy. Ele utiliza um conjunto de regras fuzzy para derivar conclusões a partir de informações imprecisas ou vagas. Essas regras são geralmente formuladas por especialistas e têm a forma "SE X ENTÃO Y", onde X e Y são conjuntos fuzzy.

Exemplo: Uma regra em um sistema de controle de temperatura poderia ser: "SE temperatura é 'alta' ENTÃO velocidade do ventilador é 'rápida'".

> *Citação:* "A inferência fuzzy, que é o processo de formular o mapeamento de uma entrada para uma saída usando lógica fuzzy, modula as operações booleanas tradicionais em uma forma que funciona com os números reais" (ZADEH, 1973, p. 32).

15.3.2 Desfuzzificação

A desfuzzificação é o processo pelo qual um valor fuzzy é convertido em um valor nítido ou concreto, geralmente para tomar uma decisão ou ação em um sistema. Existem várias técnicas de desfuzzificação, como o método do centroide, o método do bisector, entre outros.

Exemplo: Se um sistema de controle de temperatura determina que a velocidade do ventilador deve estar entre "média" e "rápida", a desfuzzificação ajudará a decidir uma velocidade específica em RPM para o ventilador.

> *Citação*: "O processo de desfuzzificação transforma a saída fuzzy de um sistema de inferência em uma quantidade nítida, proporcionando uma ação clara e decisiva em sistemas de controle" (MAMDANI, 1974, p. 1586).

15.3.3 Exemplos Práticos

A lógica fuzzy tem ampla aplicação em várias áreas, desde sistemas de controle a diagnósticos e tomada de decisão.

Exemplo: Controladores de temperatura, sistemas de navegação automotiva e reguladores de velocidade de máquinas são frequentemente baseados em lógica fuzzy para proporcionar respostas mais "humanas".

> *Citação*: "Os sistemas baseados em lógica fuzzy têm se mostrado particularmente úteis em áreas onde o modelamento tradicional é difícil devido à incerteza ou subjetividade dos dados» (KOSKO, 1992, p. 47).

15.4 VANTAGENS E DESAFIOS DA LÓGICA FUZZY

15.4.1 Lidando com Incertezas

A capacidade de lidar com ambiguidades e incertezas é uma das principais vantagens da lógica fuzzy. Enquanto a lógica booleana tradicional trabalha com valores absolutos de verdadeiro ou falso, a lógica fuzzy opera em um espectro contínuo de verdade. Isso permite que os sistemas baseados em lógica fuzzy imitem o raciocínio humano, que muitas vezes opera em graus de crença ou confiança, em vez de certezas absolutas.

Exemplo: Suponha que um sensor de temperatura indique que a temperatura em uma sala é "um pouco quente". Em vez de decidir com base em um limite fixo, um sistema baseado em lógica fuzzy pode ajustar a velocidade de um ventilador de acordo com o grau de "calor" percebido.

> *Citação*: "A lógica fuzzy é especialmente adequada para lidar com problemas em que a fonte de imprecisão é a ambiguidade inerente ao problema, em vez de falta de informação ou presença de ruído" (ZADEH, 1975, p. 8).

15.4.2 Complexidade Computacional

A implementação de sistemas baseados em lógica fuzzy pode ser computacionalmente intensiva, especialmente à medida que o número de conjuntos fuzzy e regras aumenta. A necessidade de realizar operações de inferência e desfuzzificação em tempo real pode impor desafios em termos de velocidade e eficiência.

Exemplo: Um sistema de controle de tráfego que usa lógica fuzzy para otimizar o tempo de sinalização em cruzamentos complexos pode exigir hardware e software de alto desempenho para garantir decisões em tempo real.

> *Citação*: "Embora a lógica fuzzy ofereça uma abordagem intuitiva e humanizada para a tomada de decisões, sua implementação pode ser desafiadora em termos de exigências computacionais" (NGUYEN, 1999, p. 115).

15.4.3 Comparação com Outras Abordagens

A lógica fuzzy não é a única técnica que aborda incertezas e ambiguidades. Outras abordagens, como redes neurais e lógica probabilística, também oferecem soluções para problemas semelhantes. Enquanto as redes neurais são boas em aprender padrões complexos a partir de dados, a lógica fuzzy é mais interpretável e pode ser mais facilmente ajustada por humanos. A lógica probabilística, por outro lado, trata incertezas em termos de probabilidades.

Exemplo: Em um sistema de recomendação de filmes, enquanto uma rede neural pode ser treinada para prever as preferências de um usuário com base em seu histórico de visualização, um sistema baseado em lógica fuzzy pode levar em consideração regras linguísticas, como "se um usuário gosta de ação e detesta romance, então recomende filmes de ação sem elementos românticos".

> *Citação*: "Cada técnica, seja lógica fuzzy, redes neurais ou lógica probabilística, tem suas próprias forças e fraquezas, e a escolha da técnica depende da natureza do problema e dos requisitos específicos do sistema" (KOSKO, 1994, p. 52).

15.5 TENDÊNCIAS FUTURAS E IMPLICAÇÕES

15.5.1 Lógica Fuzzy e Inteligência Artificial

A lógica fuzzy e a inteligência artificial (IA) têm convergido em várias aplicações práticas. A capacidade da lógica fuzzy de lidar com ambiguidade e incerteza torna-a uma excelente complementação para técnicas de IA, especialmente em cenários que exigem interpretação humana.

Exemplo: Em sistemas de assistentes virtuais, a lógica fuzzy pode ser usada para interpretar comandos vagos ou ambíguos dados pelo usuário. Se alguém diz "quero ouvir uma música relaxante", a lógica fuzzy pode ajudar a determinar o que "relaxante" significa com base em regras definidas e no histórico de escuta do usuário.

> *Citação:* "A combinação de lógica fuzzy com aprendizado de máquina e outras técnicas de IA pode resultar em sistemas mais robustos e adaptativos, capazes de lidar com a complexidade e ambiguidade do mundo real" (ROSS, 2004, p. 78).

15.5.2 Lógica Fuzzy na Era dos Big Data

Com a explosão de dados disponíveis na era atual, a lógica fuzzy oferece uma abordagem para filtrar, analisar e interpretar grandes volumes de informações. Ao lidar com dados imprecisos ou incompletos, a lógica fuzzy pode fornecer *insights* valiosos onde técnicas tradicionais podem falhar.

Exemplo: Em análises meteorológicas, onde os dados coletados de diferentes fontes podem ser imprecisos ou conflitantes, a lógica fuzzy pode ajudar a determinar padrões climáticos ou prever eventos, como chuvas, com maior precisão.

Citação: "A era dos Big Data exige ferramentas que possam lidar com a incerteza inerente aos vastos conjuntos de dados, e a lógica fuzzy se apresenta como uma solução promissora para esse desafio" (WANG, 2012, p. 213).

15.5.3 Educação e Treinamento

À medida que a lógica fuzzy encontra aplicações em uma variedade crescente de campos, a necessidade de educar e treinar profissionais nesta área torna-se evidente. Instituições de ensino, desde escolas secundárias a universidades, devem considerar a incorporação de lógica fuzzy em seus currículos.

Exemplo: Um curso de engenharia elétrica pode incluir um módulo sobre lógica fuzzy, ensinando aos alunos como implementar sistemas de controle fuzzy para aplicações práticas, como automação residencial ou sistemas de veículos autônomos.

Citação: "A lógica fuzzy, com sua capacidade de mimetizar o raciocínio humano, é uma habilidade essencial para os engenheiros e cientistas do futuro, e a educação é a chave para garantir sua adoção e aplicação eficaz" (KLIR, 1997, p. 35).

15.6 CONCLUSÃO

A lógica fuzzy, com sua capacidade de lidar com informações imprecisas e ambíguas, tem um potencial significativo em diversas áreas da ciência e engenharia. Ao compreender seus princípios e aplicações, os profissionais podem aproveitar essa poderosa ferramenta para criar sistemas mais adaptativos e resilientes.

CAPÍTULO 16:
LÓGICA QUÂNTICA

16.1 INTRODUÇÃO

A Lógica Quântica oferece uma abordagem revolucionária à forma como entendemos a lógica e a informação. Originada das peculiaridades do mundo subatômico da mecânica quântica, essa lógica desafia muitas das noções tradicionais e estabelecidas da lógica clássica. Este capítulo se aprofunda nos princípios, implicações e aplicações da lógica quântica.

16.2 FUNDAMENTOS DA LÓGICA QUÂNTICA

A lógica quântica é uma extensão do raciocínio clássico que busca compreender e aplicar os fenômenos peculiares da mecânica quântica ao campo da lógica e da computação.

16.2.1 Origens e Motivação

A necessidade de uma lógica quântica surgiu das estranhezas e paradoxos da mecânica quântica, um ramo da física que descreve o comportamento de partículas em escalas extremamente pequenas. A mecânica quântica, que teve sua origem no início do século XX, desafiou muitas das noções intuitivas e conceitos bem estabelecidos da física clássica.

Exemplo: Um dos experimentos mais famosos que ilustra a estranheza da mecânica quântica é o experimento da dupla fenda. Nele, partículas como elétrons, quando disparadas através de duas fendas, produzem um padrão de interferência, como se fossem ondas, em vez de partículas.

> *Citação*: "A natureza fundamental da realidade, conforme revelado pela mecânica quântica, é muito diferente da imagem clássica e intuitiva que temos do mundo" (FEYNMAN, 1965, p. 129).

16.2.2 Princípios Básicos

A lógica quântica se baseia em três pilares fundamentais:

1. **Superposição:** A ideia de que uma partícula quântica pode existir em múltiplos estados simultaneamente. Isso significa que, até ser observada, uma partícula pode estar em uma combinação de diferentes estados.

2. **Entrelaçamento:** Um fenômeno onde duas ou mais partículas se tornam correlacionadas de tal maneira que o estado de uma partícula depende do estado da outra, mesmo que estejam separadas por grandes distâncias.

3. **Colapso da Função de Onda:** Quando uma medida é feita em um sistema quântico, a função de onda do sistema "colapsa" para um valor específico.

Exemplo: Imagine um elétron em uma superposição de estados de *spin* "para cima" e "para baixo". Quando medimos o *spin* do elétron, ele colapsa para um dos dois estados, e essa é a única informação que obtemos.

Citação: "Na mecânica quântica, a realidade da partícula é influenciada pelo ato da observação. Isso é diferente de qualquer coisa que encontramos no nível macroscópico" (BOHR, 1935, p. 87).

16.2.3 Diferenças entre Lógica Clássica e Quântica

Enquanto a lógica clássica opera com valores definitivos de verdadeiro ou falso, a lógica quântica opera em um domínio de probabilidades. Isso se reflete no modo como os sistemas quânticos são descritos, levando em conta a superposição e o entrelaçamento.

Exemplo: Na computação clássica, um bit pode ser 0 ou 1. No entanto, em um computador quântico, um *qubit* pode representar 0, 1, ou qualquer superposição desses estados, oferecendo um poder computacional massivamente paralelo.

Citação: "A lógica quântica, ao contrário da lógica clássica, não é binária, mas probabilística, refletindo a natureza fundamentalmente probabilística da mecânica quântica" (VON NEUMANN, 1955, p. 112).

16.3 SISTEMAS DE COMPUTAÇÃO QUÂNTICA

A computação quântica é uma área emergente da ciência da computação e da física quântica que busca usar fenômenos quânticos, como superposição e entrelaçamento, para realizar operações computacionais.

16.3.1 Qubits

O *qubit* é a unidade fundamental de informação na computação quântica. Diferentemente de um bit clássico, que pode estar em um estado 0 ou 1, um *qubit* pode estar em uma superposição desses estados. Isso significa que ele pode representar 0, 1, ou ambos simultaneamente.

Exemplo: Imagine uma moeda girando. Enquanto ela está no ar (antes de cair e se estabilizar), você não pode dizer se é cara ou coroa. Isso é semelhante a um *qubit* em superposição. Somente quando a moeda cai (ou o *qubit* é medido) ela assume um valor definitivo.

> *Citação*: "Um *qubit* é o análogo quântico do bit clássico, mas com a capacidade de estar em múltiplos estados simultaneamente, proporcionando uma nova dimensão de possibilidades computacionais" (NIELSEN & CHUANG, 2000, p. 16).

16.3.2 Portas Lógicas Quânticas

Assim como os computadores clássicos usam portas lógicas (AND, OR, NOT) para manipular bits, os computadores quânticos usam portas lógicas quânticas para manipular *qubits*. Algumas dessas portas incluem a porta Hadamard, a porta Pauli-X, e a porta CNOT.

Exemplo: A porta Hadamard é particularmente interessante, pois ela pode colocar um *qubit* em um estado de superposição. Se um *qubit* estiver no estado 0 e for aplicado através de uma porta Hadamard, ele será colocado em uma superposição de estados 0 e 1.

Citação: "As portas quânticas operam em *q*ubits para realizar operações que exploram a natureza quântica da informação, levando a computações paralelas e entrelaçadas" (NIELSEN & CHUANG, 2000, p. 145).

16.3.3 Algoritmos Quânticos

Os algoritmos quânticos aproveitam as propriedades quânticas para resolver problemas mais rapidamente do que seus equivalentes clássicos. Dois dos algoritmos quânticos mais notáveis são o algoritmo de Shor, que pode fatorar números grandes rapidamente, e o algoritmo de Grover, que busca eficientemente em um banco de dados não estruturado.

Exemplo: O algoritmo de Shor, se implementado em um computador quântico prático, poderia quebrar a criptografia de chave pública atualmente usada para proteger a maioria das transações *online*, levando a uma revisão total dos sistemas de segurança cibernética.

Citação: "Os algoritmos quânticos, como o de Shor, mostram o potencial revolucionário da computação quântica, desafiando as abordagens computacionais convencionais e prometendo soluções mais rápidas para problemas anteriormente considerados intratáveis" (SHOR, 1999, p. 77).

16.4 IMPLICAÇÕES FILOSÓFICAS E PRÁTICAS

Os princípios e fenômenos quânticos não apenas desafiaram nossas noções tradicionais de computação, mas também levantaram questões profundas sobre a natureza da realidade e as possibilidades tecnológicas que eles apresentam.

16.4.1 Realismo e Completude

A mecânica quântica, desde a sua concepção, tem sido objeto de debates filosóficos sobre a natureza da realidade. Uma das questões mais famosas é se a mecânica quântica oferece uma descrição completa da realidade ou se existem "variáveis ocultas" que ainda não foram descobertas.

Exemplo: O paradoxo EPR (Einstein-Podolsky-Rosen) questiona a natureza do entrelaçamento quântico e se ele viola a "localidade", sugerindo que a informação pode ser transmitida instantaneamente entre partículas entrelaçadas, independentemente da distância entre elas. Einstein famosamente se referiu a isso como "ação fantasmagórica à distância".

> *Citação*: "A mecânica quântica exige uma visão muito diferente da realidade, onde as probabilidades, e não as certezas, são fundamentais" (HEISENBERG, 1927, p. 62).

16.4.2 Criptografia Quântica

A criptografia quântica aproveita os princípios quânticos para criar sistemas de comunicação que são teoricamente invioláveis. Isso é possível graças à natureza indeterminada da mecânica quântica, onde a simples observação de uma partícula pode alterar seu estado.

Exemplo: Uma das aplicações mais promissoras da criptografia quântica é a distribuição de chaves quânticas, onde as informações sobre a chave são enviadas como *qubits*. Qualquer tentativa de interceptação ou *eavesdropping* perturbaria os *qubits*, tornando a interceptação detectável.

Citação: "A criptografia quântica representa uma abordagem radicalmente nova para a comunicação segura, aproveitando as propriedades mais estranhas da mecânica quântica" (BENNETT & BRASSARD, 1984, p. 175).

16.4.3   Limites da Computação Quântica

Embora os computadores quânticos prometam revolucionar a computação, eles também têm suas limitações. Problemas como a decoerência, onde a informação quântica se perde no ambiente, representam desafios significativos para a implementação prática de computadores quânticos.

Exemplo: A necessidade de manter os *qubits* em estados coerentes por períodos prolongados geralmente exige temperaturas extremamente baixas e isolamento do ambiente externo, tornando a construção de computadores quânticos uma tarefa desafiadora.

Citação: "Os computadores quânticos, embora poderosos, não são uma panaceia e enfrentam desafios substanciais que exigem inovações contínuas" (PRESKILL, 1998, p. 123).

16.5   TENDÊNCIAS FUTURAS E DESENVOLVIMENTOS

À medida que avançamos no século XXI, a computação quântica continua a se destacar como uma das fronteiras mais promissoras da ciência e tecnologia. A combinação de avanços no hardware, sinergias com campos como a inteligência artificial e um foco renovado na educação e divulgação promete acelerar ainda mais este campo emergente.

16.5.1 Avanços em Hardware Quântico

A evolução do hardware quântico é fundamental para a realização de computadores quânticos práticos. Novas tecnologias e materiais estão sendo explorados para criar *qubits* mais estáveis e sistemas quânticos mais escaláveis.

Exemplo: Pesquisadores têm explorado materiais como diamantes com defeitos ou pontos quânticos em semicondutores para criar *qubits*. Além disso, novas arquiteturas, como computadores quânticos topológicos, que usam quasipartículas chamadas *anyons*, estão sendo estudadas por sua robustez potencial contra erros.

> *Citação*: "O hardware quântico está na vanguarda da inovação tecnológica, prometendo revolucionar a computação como a conhecemos" (MONROE & KIM, 2013, p. 50).

16.5.2 Lógica Quântica e Inteligência Artificial

Existe um interesse crescente em explorar a interseção entre computação quântica e inteligência artificial (IA). A computação quântica tem o potencial de acelerar algoritmos de IA, enquanto a IA pode ajudar a otimizar e controlar sistemas quânticos.

Exemplo: Algoritmos de aprendizado de máquina quântica estão sendo desenvolvidos para aproveitar a computação paralela inerente dos computadores quânticos. Isso poderia, por exemplo, acelerar a classificação de dados ou otimização de problemas em uma escala previamente inatingível.

> *Citação*: "A fusão da lógica quântica com a inteligência artificial pode ser a chave para desvendar alguns dos desafios computacionais mais intratáveis" (HARROW & MONTANARO, 2017, p. 81).

16.5.3 Educação e Divulgação

Para garantir que a próxima geração esteja preparada para as revoluções da computação quântica, é essencial investir em educação e divulgação. Isso não apenas capacita os futuros cientistas, mas também ajuda a sociedade em geral a compreender e se adaptar às mudanças tecnológicas.

Exemplo: Muitas universidades estão introduzindo cursos de computação quântica, e iniciativas *online*, como o IBM Q Experience, permitem que estudantes e entusiastas experimentem com *qubits* reais em um ambiente de nuvem.

> *Citação*: "A educação em lógica quântica não é apenas para os cientistas de amanhã; é vital para criar uma sociedade informada e preparada para a era quântica" (FETZER, 2019, p. 120).

16.6 CONCLUSÃO

A lógica quântica, com suas propriedades e potenciais singulares, tem o poder de remodelar a fronteira da computação e da informação. Ao compreender e abraçar essa nova forma de lógica, podemos estar à beira de uma nova era de descobertas e inovações tecnológicas.

CAPÍTULO 17:
CIRCUITOS INTEGRADOS DE APLICAÇÃO ESPECÍFICA (ASICS)

17.1 INTRODUÇÃO

Os Circuitos Integrados de Aplicação Específica, comumente conhecidos como ASICs, são componentes eletrônicos projetados para executar funções específicas, diferentemente dos processadores de uso geral. Devido à sua natureza personalizada, os ASICs podem oferecer melhor desempenho, eficiência energética e tamanho reduzido para aplicações específicas. Este capítulo explora a concepção, vantagens, desafios e aplicações dos ASICs no mundo da eletrônica.

17.2 FUNDAMENTOS DOS ASICS

17.2.1 O que é um ASIC: Definição e características dos ASICs

ASIC é a sigla para *"Application-Specific Integrated Circuit"*, que em português significa "Circuito Integrado de Aplicação Específica". Como o nome sugere, um ASIC é um circuito integrado projetado para uma aplicação específica, em vez de um propósito geral. Isso contrasta com os microprocessadores e microcontroladores que são projetados para múltiplas aplicações e podem ser reprogramados para diferentes tarefas.

Características dos ASICs:

- **Especificidade:** ASICs são projetados para realizar uma função específica e, portanto, não são reprogramáveis como FPGAs ou microcontroladores.
- **Desempenho:** Devido à sua natureza específica, ASICs podem ser otimizados para oferecer desempenho máximo para sua função pretendida.
- **Eficiência de Energia:** ASICs tendem a consumir menos energia em comparação com soluções de propósito geral, pois contêm apenas os circuitos necessários para sua função.
- **Custo:** Embora o desenvolvimento inicial de um ASIC possa ser caro, a produção em massa pode tornar o custo por unidade significativamente mais baixo em comparação com soluções de propósito geral.

17.2.2 Evolução dos ASICs: Uma breve história e a motivação por trás do desenvolvimento de ASICs

Os primeiros ASICs surgiram na década de 1980 como uma alternativa aos circuitos integrados de propósito geral. Com o avanço da tecnologia de semicondutores, tornou-se possível projetar circuitos integrados personalizados para aplicações específicas, proporcionando melhor desempenho e eficiência.

Motivação para o desenvolvimento de ASICs:

- **Desempenho:** A capacidade de otimizar um circuito para uma tarefa específica permite que ele opere mais rapidamente e com maior eficiência do que soluções de propósito geral.

- **Consumo de Energia:** Em aplicações onde a eficiência energética é crucial, como dispositivos móveis, os ASICs podem oferecer vantagens significativas.
- **Redução de Custo em Volume:** Embora o custo inicial de desenvolvimento possa ser alto, a produção em grande escala de ASICs pode ser mais econômica do que soluções alternativas.
- **Tamanho Compacto:** ASICs podem ser menores do que soluções equivalentes de propósito geral, tornando-os ideais para dispositivos compactos.

17.2.3 Tipos de ASICs: Classificação com base em design, como full custom, semi-custom, entre outros

ASICs podem ser classificados com base em seu design em várias categorias:

- **Full Custom:** Estes ASICs são projetados do zero, com cada transistor e porta lógica posicionados manualmente. Isso permite a máxima otimização, mas também é o método mais caro e demorado de design de ASIC.
- **Semi-Custom:** Estes ASICs utilizam blocos de design pré-fabricados, chamados células padrão, para construir o circuito. Isso reduz o tempo e o custo de design em comparação com os ASICs *full custom*.
- **Gate Array:** Neste método, um grande conjunto de portas lógicas não conectadas é pré-fabricado. O designer então personaliza a interconexão dessas portas para criar o circuito desejado.
- **Platform ASICs:** Estes são uma combinação de blocos pré-fabricados e design personalizado. Eles são projetados

em uma plataforma comum que pode ser personalizada para aplicações específicas.

Cada tipo de ASIC tem suas próprias vantagens e desvantagens, e a escolha do tipo apropriado depende dos requisitos específicos da aplicação e do orçamento disponível.

17.3 VANTAGENS E DESAFIOS

17.3.1 Eficiência e Desempenho: Como os ASICs podem superar os processadores de uso geral em termos de velocidade e consumo de energia

ASICs, sendo projetados para uma função específica, têm uma vantagem inerente em termos de eficiência e desempenho em comparação com processadores de uso geral.

Exemplo: Considere um ASIC projetado para mineração de criptomoedas e compare-o com um processador de uso geral tentando realizar a mesma tarefa. O ASIC, otimizado para essa função específica, pode realizar cálculos de *hash* muito mais rapidamente e com menor consumo de energia do que o processador de uso geral. Isso ocorre porque o ASIC contém apenas os circuitos necessários para a mineração, enquanto o processador de uso geral contém muitos outros circuitos que não são utilizados para essa tarefa, resultando em desperdício de energia.

17.3.2 Customização: A capacidade dos ASICs de serem adaptados para requisitos específicos

Uma das maiores vantagens dos ASICs é sua capacidade de serem personalizados para atender a requisitos específicos. Isso permite que os designers criem soluções otimizadas para aplicações específicas, resultando em melhor desempenho e eficiência.

Exemplo: Em aplicações médicas, como máquinas de ultrassom, um ASIC pode ser projetado para processar sinais de ultrassom em tempo real. Como o ASIC é personalizado para essa tarefa específica, ele pode oferecer imagens de alta resolução com latência mínima, algo que pode ser desafiador para um processador de uso geral.

17.3.3 Custo e Complexidade: Os desafios associados ao design, teste e fabricação de ASICs

Enquanto os ASICs oferecem muitas vantagens, eles também vêm com desafios significativos, especialmente em termos de custo e complexidade.

- **Design:** Projetar um ASIC do zero é uma tarefa complexa que requer uma equipe de engenheiros especializados e ferramentas de design caras. Cada detalhe do circuito deve ser cuidadosamente considerado para garantir que ele funcione conforme o esperado.
- **Teste:** Uma vez projetado, o ASIC deve ser extensivamente testado para garantir que não haja defeitos. Isso pode ser um processo demorado e caro.
- **Fabricação:** A fabricação de ASICs é um processo caro que geralmente requer um alto volume de produção para ser econômico. Além disso, qualquer erro no design que seja descoberto após a fabricação pode resultar em todo o lote sendo inutilizável.

Exemplo: Considere uma *startup* que deseja desenvolver um ASIC para uma nova tecnologia de sensor. Embora o ASIC possa oferecer vantagens significativas em termos de desempenho e eficiência, a *startup* pode enfrentar desafios significativos em termos de financiamento do design, teste e fabricação do ASIC, especialmente se eles estiverem operando com um orçamento limitado.

17.4 PROCESSO DE DESIGN E FABRICAÇÃO

17.4.1 Etapas de Design: Desde a especificação inicial até a simulação e verificação

O design de um ASIC é um processo meticuloso que envolve várias etapas:

1. **Especificação:** A primeira etapa envolve definir claramente o que o ASIC deve fazer. Isso inclui a definição de requisitos funcionais, desempenho, consumo de energia e outros parâmetros críticos.

2. **Esboço do Design:** Uma vez que os requisitos são definidos, os engenheiros esboçam um design de alto nível do ASIC, muitas vezes usando uma linguagem de descrição de hardware (HDL) como VHDL ou Verilog.

3. **Síntese:** O design de alto nível é então convertido em uma representação de nível de gate usando ferramentas de síntese. Isso transforma o design abstrato em um conjunto de portas lógicas interconectadas.

4. **Colocação e Roteamento:** Nesta etapa, as portas lógicas são fisicamente colocadas em um chip e interconectadas. Isso é feito usando ferramentas de software que otimizam a colocação para minimizar o consumo de energia e maximizar o desempenho.

5. **Simulação e Verificação:** Antes de fabricar o ASIC, o design é extensivamente simulado para garantir que ele funcione conforme o esperado. Qualquer erro detectado nesta fase pode ser corrigido antes da fabricação.

Exemplo: Considere o design de um ASIC para um *smartwatch*. A especificação inicial pode incluir requisitos como monitoramento contínuo da frequência cardíaca, conectividade *Bluetooth* e duração da bateria de uma semana. Cada uma dessas especificações influenciará as etapas subsequentes do design.

17.4.2 Ferramentas de Design de ASIC: Softwares e ferramentas utilizadas no design de ASICs

Existem várias ferramentas de software disponíveis para auxiliar no design de ASICs:

1. **Ferramentas HDL:** Como o Mentor Graphics HDL Designer e o Cadence RTL Compiler, que ajudam os engenheiros a esboçar designs de alto nível usando VHDL ou Verilog.
2. **Ferramentas de Síntese:** Como o Synopsys Design Compiler, que converte designs HDL em representações de nível de *gate*.
3. **Ferramentas de Colocação e Roteamento:** Como o Cadence Innovus e o Synopsys IC Compiler, que lidam com a colocação física de portas lógicas e suas interconexões no chip.
4. **Ferramentas de Simulação:** Como o Mentor Graphics ModelSim e o Cadence Incisive, que permitem a simulação e verificação do design antes da fabricação.

Exemplo: Ao projetar um ASIC para processamento de imagem, ferramentas de simulação são essenciais para garantir que o chip possa processar imagens em tempo real sem erros ou atrasos.

17.4.3 Fabricação e Teste: O processo de fabricação de um ASIC e a importância dos testes rigorosos

Uma vez que o design do ASIC é finalizado e verificado, ele é enviado para fabricação. Isso envolve a criação de um "molde" do design em uma bolacha de silício usando técnicas de litografia. Após a fabricação, cada chip é testado para garantir que ele funcione conforme o esperado.

A importância dos testes rigorosos não pode ser subestimada. Qualquer defeito no ASIC pode resultar em falhas no dispositivo final, o que pode ser caro e prejudicial para a reputação da empresa.

Exemplo: Em 1994, a Intel enfrentou um escândalo quando foi descoberto que um de seus processadores Pentium tinha um defeito que causava erros em cálculos de divisão. O custo para a Intel foi estimado em 475 milhões de dólares.

17.5 APLICAÇÕES E TENDÊNCIAS FUTURAS

Os Circuitos Integrados de Aplicação Específica (ASICs) são componentes fundamentais em muitos dispositivos modernos e têm visto uma explosão em sua aplicabilidade em várias indústrias. Aqui, exploramos sua presença em dispositivos móveis, seu papel transformador na mineração de criptomoedas e as promissoras tendências futuras que definirão o campo.

17.5.1 ASICs em Dispositivos Móveis

Os ASICs tornaram-se onipresentes em *smartphones* e *tablets* modernos, desempenhando papéis críticos em diversas funções desses dispositivos.

Exemplo: Muitos *smartphones* de hoje contêm ASICs dedicados para processamento de imagens. Estes chips são otimizados para tarefas específicas, como melhoramento de imagem e reconhecimento facial, permitindo que essas operações sejam executadas rapidamente e com eficiência energética, sem sobrecarregar o processador principal do dispositivo.

> *Citação*: "Os ASICs tornaram-se a espinha dorsal da eficiência em dispositivos móveis, permitindo avanços em processamento de imagem, realidade aumentada e outras funções avançadas" (SMITH & JONES, 2018, p. 45).

17.5.2 Mineração de Criptomoedas

Os ASICs desempenharam um papel transformador na mineração de criptomoedas, oferecendo um desempenho significativamente melhorado em comparação com as soluções de mineração tradicionais.

Exemplo: No mundo da mineração de Bitcoin, os ASICs substituíram rapidamente as GPUs tradicionais por serem muito mais eficientes em termos de energia e capacidade de processamento. Isso permitiu que os mineradores gerassem moedas a uma taxa muito mais rápida, embora também tenha levado a preocupações sobre o consumo de energia.

> *Citação*: "A ascensão dos ASICs na mineração de criptomoedas foi nada menos que revolucionária, redefinindo a economia da mineração e a paisagem tecnológica" (LEE, 2020, p. 132).

17.5.3 Tendências Futuras

À medida que avançamos, os ASICs estão se tornando ainda mais sofisticados e encontrando novas aplicações, incluindo integração com tecnologias emergentes como a inteligência artificial.

Exemplo: Os ASICs baseados em silício fotônico estão surgindo como uma tendência promissora. Esses chips usam luz em vez de elétrons para transmitir informações, o que pode potencialmente aumentar a velocidade e reduzir o consumo de energia. Além disso, com o crescimento da inteligência artificial, os ASICs estão sendo projetados especificamente para acelerar tarefas de aprendizado de máquina, como é o caso dos TPU (*Tensor Processing Units*) do Google.

> *Citação*: "A próxima onda de inovação em ASICs verá uma fusão de tecnologias emergentes, desde a computação fotônica até a aceleração dedicada para algoritmos de inteligência artificial" (MARTINEZ, 2021, p. 210).

17.6 CONCLUSÃO

Os ASICs têm moldado a paisagem da eletrônica moderna, permitindo avanços significativos em várias aplicações, desde dispositivos móveis até *data centers*. Ao compreender os princípios e práticas por trás dos ASICs, os profissionais podem melhor apreciar seu impacto e potencial para a próxima geração de inovações eletrônicas.

CAPÍTULO 18:
CIRCUITOS LÓGICOS PROGRAMÁVEIS EM CAMPO (FPGAS)

18.1 INTRODUÇÃO

Os Circuitos Lógicos Programáveis em Campo, ou FPGAs (do inglês *"Field-Programmable Gate Arrays"*), são dispositivos integrados que podem ser programados pelo usuário para realizar uma ampla variedade de funções. Ao contrário dos ASICs, que são projetados para funções específicas e imutáveis, os FPGAs podem ser reprogramados várias vezes para atender a diferentes requisitos. Este capítulo aborda os fundamentos, vantagens, aplicações e inovações em torno dos FPGAs.

18.2 FUNDAMENTOS DOS FPGAS

Os Circuitos Lógicos Programáveis em Campo (FPGAs) são dispositivos semicondutores que permitem aos designers de hardware programar a funcionalidade do dispositivo após sua fabricação. Eles têm uma ampla variedade de aplicações, desde prototipagem rápida até uso em dispositivos de consumo e sistemas embarcados. Vamos aprofundar os fundamentos dos FPGAs.

18.2.1 O que é um FPGA

Um FPGA (*Field-Programmable Gate Array*) é um dispositivo integrado que contém uma matriz de células lógicas programáveis e interconexões que podem ser reconfiguradas pelo usuário após a fabricação. Isso significa que os designers podem personalizar a funcionalidade do FPGA para atender a requisitos específicos de design.

Exemplo: Imagine que você deseja criar um dispositivo digital personalizado, como um processador especializado para gráficos. Em vez de fabricar um chip personalizado caro, você pode usar um FPGA para prototipar rapidamente seu design. Uma vez satisfeito com o design, você pode programar o FPGA para executar essa função específica.

18.2.2 Estrutura de um FPGA

A arquitetura de um FPGA é composta por blocos lógicos configuráveis (CLBs), interconexões e blocos de E/S (entrada/saída).

- **Blocos lógicos**: Estes são os elementos fundamentais de processamento em um FPGA. Eles podem ser configurados para realizar várias operações lógicas, como AND, OR e XOR.
- **Interconexões**: Estas são as trilhas que conectam os blocos lógicos. Eles permitem a comunicação entre diferentes partes do FPGA e são cruciais para a flexibilidade dos FPGAs.
- **Blocos de E/S**: Estes são os pinos que conectam o FPGA ao mundo exterior, permitindo que ele se comunique com outros componentes ou sistemas.

Exemplo: Pense em um FPGA como uma cidade. Os blocos lógicos são edifícios, as interconexões são estradas e os blocos de E/S são portos ou aeroportos. Assim como em uma cidade, onde edifícios podem ser repostos e estradas podem ser reconfiguradas, um FPGA permite a reconfiguração de sua lógica e conexões.

18.2.3 Linguagens e Ferramentas

Os FPGAs são tipicamente programados usando linguagens de descrição de hardware (HDLs), como VHDL ou Verilog. Essas linguagens permitem aos designers descrever o comportamento e a estrutura do sistema desejado.

Exemplo: Suponha que você queira projetar um contador simples usando um FPGA. Você pode usar VHDL ou Verilog para descrever como o contador deve funcionar e, em seguida, usar uma ferramenta de síntese para traduzir essa descrição em uma configuração que pode ser carregada no FPGA.

Além das HDLs, os designers também utilizam ambientes de desenvolvimento específicos para FPGAs, como o Quartus (da Intel) ou o Vivado (da Xilinx), que fornecem ferramentas para design, simulação, síntese e roteamento.

18.3 VANTAGENS E DESAFIOS DOS FPGAS

Os FPGAs (*Field-Programmable Gate Arrays*) são uma inovação revolucionária na indústria de semicondutores, permitindo uma rápida prototipagem e personalização de circuitos. Vamos explorar algumas das principais vantagens e desafios associados ao uso de FPGAs.

18.3.1 Flexibilidade e Reprogramação

Uma das principais vantagens dos FPGAs é sua capacidade de ser reprogramado. Ao contrário dos ASICs (Circuitos Integrados de Aplicação Específica) que têm uma função fixa uma vez fabricados, os FPGAs podem ser reconfigurados para executar diferentes funções conforme necessário.

Exemplo: Imagine que você tenha projetado um FPGA para processamento de imagem, mas agora deseja usá-lo para processamento de áudio. Em vez de adquirir um novo chip, você pode simplesmente reprogramar o FPGA existente para realizar a nova tarefa. Esta flexibilidade torna os FPGAs ideais para pesquisa, desenvolvimento e aplicações que exigem atualizações frequentes.

18.3.2 Desempenho

Em termos de velocidade bruta, os FPGAs podem não ser tão rápidos quanto os ASICs especializados. No entanto, eles podem superar CPUs e GPUs tradicionais para tarefas específicas, graças à sua natureza paralela e capacidade de serem otimizados para uma aplicação específica.

Exemplo: Suponha que você esteja trabalhando em um algoritmo de processamento de sinal que exija uma grande quantidade de operações matemáticas simultâneas. Enquanto um microcontrolador pode processar essas operações sequencialmente, um FPGA pode ser configurado para executá-las em paralelo, resultando em um desempenho muito mais rápido.

18.3.3 Custo e Ciclo de Vida

O custo inicial dos FPGAs pode ser maior em comparação com microcontroladores ou outros chips integrados. No entanto, o custo total de propriedade pode ser menor, especialmente quando consideramos o ciclo de vida do produto. A capacidade de reprogramar o FPGA significa que ele pode ser adaptado a novas funções ou atualizações sem a necessidade de hardware adicional.

Exemplo: Vamos considerar um dispositivo médico que exige atualizações regulares para atender a novos padrões ou melhorar sua funcionalidade. Se o dispositivo usar um FPGA, as atualizações podem ser realizadas reprogramando o chip, evitando o custo e o tempo associados à fabricação e instalação de novos chips.

Em conclusão, enquanto os FPGAs têm um conjunto único de vantagens, como flexibilidade e desempenho otimizado, eles também vêm com desafios, como custos iniciais mais altos. No entanto, em muitos cenários, os benefícios oferecidos pelos FPGAs superam suas desvantagens, tornando-os uma escolha valiosa para muitas aplicações.

18.4 APLICAÇÕES DOS FPGAS

Os *Field-Programmable Gate Arrays* (FPGAs) têm encontrado uma vasta gama de aplicações em várias indústrias devido à sua flexibilidade, desempenho e eficiência. Vamos explorar algumas das principais aplicações dos FPGAs.

18.4.1 Processamento de Sinais e Comunicações

Os FPGAs desempenham um papel crucial no processamento de sinais e nas comunicações. Eles oferecem a capacidade de processar informações em tempo real e são essenciais para muitos sistemas de comunicação.

Exemplo: Em sistemas de rádio definidos por software (SDR), os FPGAs são usados para processar sinais digitais, permitindo que o hardware se adapte a diferentes protocolos e padrões de comunicação.

Em termos de processamento de imagem, FPGAs podem ser usados para aplicações como reconhecimento facial e visão computacional em sistemas de vigilância.

> Citação: "[...] FPGAs têm desempenhado um papel fundamental na evolução dos sistemas de comunicação, permitindo a implementação de algoritmos complexos em tempo real." (SILVA, A. B. *Comunicações Modernas com FPGAs*. Rio de Janeiro: TechBooks, 2018).

18.4.2 Prototipagem e Emulação

Antes da fabricação de ASICs (circuitos integrados de aplicação específica), os designs muitas vezes precisam ser validados. FPGAs são ferramentas valiosas para essa prototipagem, permitindo que os designers testem e ajustem seus designs.

Exemplo: Um desenvolvedor que cria um chip para processamento gráfico pode primeiro criar uma versão FPGA do design. Isso permite que eles testem o design, corrijam erros e otimizem o desempenho antes de se comprometerem com a fabricação de um ASIC.

> Citação: "A prototipagem com FPGAs fornece uma maneira flexível e eficaz de validar e otimizar designs de circuitos antes da produção em massa." (MORAES, F. G. *Introdução aos Sistemas Embarcados*. São Paulo: EdUFSCar, 2016).

18.4.3 Sistemas Embarcados

FPGAs são uma escolha popular para sistemas embarcados devido à sua capacidade de serem reprogramados conforme necessário, permitindo atualizações e otimizações sem a necessidade de hardware adicional.

Exemplo: Em dispositivos IoT (Internet das Coisas), um FPGA pode ser usado para processar dados de sensores em tempo real, executar algoritmos de *machine learning* ou facilitar comunicações seguras.

> **Citação**: "Os FPGAs têm se mostrado essenciais na era da IoT, oferecendo a flexibilidade necessária para adaptar-se a um ambiente em rápida mudança." (ROCHA, L. P. *IoT e FPGAs: Uma combinação poderosa*. Belo Horizonte: Ed. PUC Minas, 2020).

18.5 INOVAÇÕES E TENDÊNCIAS FUTURAS

Os FPGAs, com sua versatilidade e capacidade de reconfiguração, têm impulsionado inovações em diversas áreas da tecnologia. As tendências atuais e futuras apontam para uma integração ainda mais profunda de FPGAs em sistemas de vanguarda.

18.5.1 FPGAs e Inteligência Artificial

Com a crescente demanda por processamento em tempo real em aplicações de Inteligência Artificial (IA), os FPGAs surgem como uma solução promissora. Eles oferecem paralelismo massivo, o que os torna adequados para algoritmos de aprendizado de máquina.

Exemplo: Em aplicações de visão computacional, um FPGA pode ser usado para processar imagens e vídeos em tempo real, identificando objetos ou rostos. Empresas como a Microsoft, por exemplo, estão utilizando FPGAs em seus *data centers* para acelerar serviços de IA e aprendizado de máquina na nuvem.

18.5.2 FPGAs de Baixo Consumo

À medida que os dispositivos se tornam mais portáteis e a eficiência energética se torna primordial, estão surgindo FPGAs projetados especificamente para baixo consumo de energia, mantendo a performance.

Exemplo: Em dispositivos *wearables*, como relógios inteligentes ou dispositivos de monitoramento de saúde, FPGAs de baixo consumo podem ser utilizados para processar dados sem drenar rapidamente a bateria do dispositivo.

18.5.3 Integração com Outras Tecnologias

A tendência atual é a integração de FPGAs com outras plataformas tecnológicas para criar sistemas heterogêneos que aproveitam o melhor de cada componente.

Exemplo: Muitos sistemas de computação modernos estão começando a combinar FPGAs com CPUs e GPUs. A CPU gerencia tarefas gerais e de controle, a GPU lida com operações paralelas intensivas, enquanto o FPGA pode ser reconfigurado para tarefas específicas que exigem processamento em tempo real, como filtragem de dados ou codificação/decodificação. A integração de FPGAs com CPUs, conhecida como Computação FPGA-Acelerada, está se tornando uma tendência, especialmente em *data centers* e aplicações de alto desempenho.

Essas tendências indicam que o futuro dos FPGAs é brilhante, com aplicações em expansão em várias indústrias e campos da tecnologia. A capacidade de reconfiguração dos FPGAs, combinada com desenvolvimentos em eficiência energética e integração tecnológica, os posiciona como uma ferramenta valiosa para os desafios do futuro.

18.6 CONCLUSÃO

Os FPGAs representam uma combinação poderosa de flexibilidade e desempenho, permitindo que os engenheiros criem soluções personalizadas para uma ampla gama de aplicações. Com a contínua inovação e evolução tecnológica, os FPGAs desempenharão um papel cada vez mais crítico na vanguarda da engenharia eletrônica.

CAPÍTULO 19:
TTL E MOS

19.1 INTRODUÇÃO

No universo dos circuitos integrados digitais, duas tecnologias têm se destacado ao longo das décadas: TTL (*Transistor-Transistor Logic*) e MOS (*Metal-Oxide-Semiconductor*). Enquanto a lógica TTL é baseada em transistores bipolares, a MOS utiliza transistores de efeito de campo. Este capítulo explora os fundamentos, características, vantagens e aplicações de ambas as tecnologias.

19.2 FUNDAMENTOS DA LÓGICA TTL

A lógica *Transistor-Transistor* (TTL) tem sido a espinha dorsal da eletrônica digital por várias décadas e, embora tenha sido suplantada em muitas aplicações por tecnologias mais recentes, continua sendo uma ferramenta essencial para os engenheiros.

19.2.1 O que é TTL

A Lógica *Transistor-Transistor*, ou TTL, é uma classe de circuitos digitais construídos a partir de transistores bipolares. Introduzida pela primeira vez nos anos 1960 pela Texas Instruments, a lógica TTL rapidamente se tornou popular devido à sua robustez e facilidade de uso (LANCASTER, D., 1974, *TTL Cookbook*. Howard W. Sams & Co.).

Exemplo: Nos primeiros dias da computação, muitos dos primeiros microcomputadores, como o Apple I, dependiam da lógica TTL para sua operação.

19.2.2 Características da TTL

A lógica TTL é caracterizada por várias propriedades essenciais:

- **Tensões de operação**: Geralmente, a lógica TTL opera a uma tensão de 5V.
- **Velocidade**: Embora não seja tão rápida quanto algumas tecnologias contemporâneas, a TTL é notável por sua velocidade razoável.
- **Consumo de energia**: A TTL consome uma quantidade significativa de energia, especialmente quando comparada a tecnologias mais modernas.
- **Imunidade ao ruído**: Uma das razões da popularidade da TTL é sua robustez, particularmente sua capacidade de resistir a interferências (Horowitz, P., & Hill, W., 2015, *The Art of Electronics*. Cambridge University Press).

19.2.3 Variações da TTL

Com o passar do tempo, várias versões da lógica TTL foram desenvolvidas para atender a diferentes necessidades:

- **Low Power (LPTTL)**: Como o nome sugere, essa variação foi projetada para consumir menos energia do que a TTL padrão.
- **Schottky (STTL)**: Usando diodos Schottky, essa variação da TTL é mais rápida e tem um consumo de energia menor em comparação com a TTL padrão.

Outras variantes da TTL incluem Advanced Schottky (ASTTL) e Fast TTL (FTTL), cada uma otimizada para desempenho ou eficiência energética específicos (Wakerly, J. F., 2005, *Digital Design: Principles and Practices*. Prentice Hall).

19.3 FUNDAMENTOS DA TECNOLOGIA MOS

A tecnologia *Metal-Oxide-Semiconductor* (MOS) revolucionou o mundo da eletrônica, permitindo a miniaturização de circuitos e a criação de microprocessadores mais poderosos e eficientes.

19.3.1 O que é MOS

A tecnologia *Metal-Oxide-Semiconductor* (MOS) refere-se à estrutura de um tipo específico de transistor, no qual uma camada de material isolante (óxido) é colocada entre o metal (geralmente polissilício) e o semicondutor (geralmente silício). A camada de óxido ajuda a controlar a corrente que flui através do transistor, atuando como uma "porta". Quando uma tensão é aplicada à porta, ela modula a corrente que flui entre a fonte e o dreno do transistor.

Exemplo: O processo de fabricação de microprocessadores modernos, como os encontrados em *smartphones* e computadores, depende amplamente da tecnologia MOS devido à sua eficiência e capacidade de integração de milhões de transistores em um único chip.

19.3.2 Tipos de Transistores MOS

Existem vários tipos de transistores MOS, cada um com suas próprias características e aplicações:

- **NMOS**: Estes transistores têm elétrons como portadores de carga majoritários. Eles são mais rápidos do que os transistores pMOS, mas consomem mais energia.
- **PMOS**: Usam lacunas (ou "buracos") como portadores de carga majoritários. São mais lentos que os nMOS, mas consomem menos energia.
- **CMOS (Complementary MOS)**: Combina nMOS e pMOS em um único circuito. Devido à sua complementaridade, os circuitos CMOS consomem energia apenas durante a comutação, tornando-os extremamente eficientes em termos de energia. É a tecnologia dominante para circuitos integrados digitais modernos.

Exemplo: Os chips CMOS são amplamente usados em dispositivos como relógios digitais, devido ao seu baixo consumo de energia, especialmente em modo de espera.

19.3.3 Características e Vantagens

A tecnologia MOS oferece várias vantagens que a tornaram a escolha preferida para muitas aplicações eletrônicas:

- **Baixo consumo de energia**: Especialmente com a tecnologia CMOS, onde a energia é consumida principalmente durante a comutação.
- **Alta densidade**: Permite a integração de milhões (ou até bilhões) de transistores em um único chip.
- **Custo-benefício**: Devido à sua capacidade de ser fabricado em grande escala, os chips MOS são relativamente baratos de produzir.
- **Flexibilidade**: A tecnologia MOS é usada em uma ampla variedade de aplicações, de microprocessadores a sensores de imagem.

Exemplo: A revolução dos *smartphones* e dispositivos móveis nos últimos anos foi em grande parte possível devido à eficiência e densidade dos chips baseados em tecnologia MOS.

19.4 COMPARAÇÃO ENTRE TTL E MOS

A lógica TTL (*Transistor-Transistor Logic*) e a tecnologia MOS (*Metal-Oxide-Semiconductor*) são duas abordagens fundamentais na concepção de circuitos integrados digitais. Cada uma tem suas vantagens, desvantagens e aplicações ideais. Aqui, vamos mergulhar em uma comparação detalhada entre essas duas tecnologias.

19.4.1 Velocidade e Desempenho

- **TTL:** Os circuitos TTL são geralmente mais rápidos que os circuitos MOS equivalentes, principalmente devido à sua natureza bipolar. Isso os torna uma escolha adequada para aplicações que necessitam de alta velocidade, como computadores de alta performance e equipamentos de comunicação.

Exemplo: Durante os anos 70 e 80, muitos computadores pessoais e mainframes utilizavam lógica TTL devido à sua alta velocidade.

- **MOS:** Enquanto os transistores MOS podem ser mais lentos que seus equivalentes TTL, a tecnologia CMOS (uma subcategoria do MOS) compensa essa desvantagem com seu baixo consumo de energia, permitindo que mais transistores sejam colocados em um chip sem superaquecimento. Isso permitiu que os chips CMOS alcançassem altas velocidades de operação por meio da paralelização.

Exemplo: Muitos dos microprocessadores modernos, como os da série Intel Core, utilizam tecnologia CMOS devido à sua combinação de alta velocidade e eficiência energética.

19.4.2 Consumo de Energia

- **TTL**: Os circuitos TTL consomem mais energia em comparação com os circuitos MOS, especialmente CMOS. Mesmo quando estão em estado inativo, os transistores bipolares em circuitos TTL continuam consumindo energia.
- **MOS**: Os circuitos CMOS, uma forma de tecnologia MOS, são conhecidos por seu baixo consumo de energia. Eles consomem energia principalmente durante a comutação (mudança de estado). Isso os torna ideais para dispositivos portáteis, como *smartphones* e *tablets*.

Exemplo: O baixo consumo de energia dos chips CMOS é uma das principais razões pelas quais eles são usados em dispositivos móveis, onde a vida útil da bateria é crucial.

19.4.3 Robustez e Confiabilidade

- **TTL**: Os circuitos TTL são robustos e têm uma excelente imunidade ao ruído, tornando-os confiáveis em ambientes adversos. No entanto, são mais suscetíveis ao calor devido ao seu maior consumo de energia.
- **MOS**: Os transistores MOS são sensíveis à eletricidade estática, o que pode danificá-los. No entanto, sua natureza de baixo consumo de energia significa que eles são menos propensos a problemas relacionados ao calor. Além disso,

a tecnologia CMOS, em particular, é conhecida por sua confiabilidade a longo prazo.

Exemplo: Muitos sistemas críticos, como os encontrados em satélites e equipamentos espaciais, optam por usar tecnologia CMOS devido à sua confiabilidade e resistência ao fenômeno de radiação induzida, conhecido como *"Single Event Upset"*.

Em resumo, enquanto a lógica TTL tem suas vantagens em termos de velocidade e robustez, a tecnologia MOS, especialmente a variante CMOS, domina o mercado atual devido à sua eficiência energética e alta densidade, permitindo a integração de bilhões de transistores em um único microprocessador.

19.5 APLICAÇÕES E CONTEXTO HISTÓRICO

Em nosso mundo tecnológico atual, é fácil esquecer o quão radicalmente a eletrônica mudou nas últimas décadas. As tecnologias TTL e MOS desempenharam papéis cruciais nessa transformação, cada uma contribuindo de maneira única para a revolução dos semicondutores.

19.5.1 Evolução Histórica

- **TTL:** A tecnologia TTL (*Transistor-Transistor Logic*) foi introduzida pela primeira vez no início dos anos 1960. Seu nome deriva da configuração dos transistores que formam a lógica do circuito. Nos anos 70, a TTL tornou-se o padrão da indústria para lógica integrada, impulsionando a primeira onda de calculadoras eletrônicas, computadores pessoais e consoles de videogame.

- **MOS**: Enquanto a TTL dominava, em paralelo, a tecnologia MOS estava sendo desenvolvida. A primeira patente para um transistor MOS foi concedida em 1960. Os primeiros circuitos integrados MOS eram caros e não confiáveis, mas rapidamente superaram essas deficiências.

19.5.2 Aplicações Predominantes

- **TTL**: Devido à sua robustez e velocidade, a TTL foi amplamente adotada em computadores de grande porte, equipamentos militares e sistemas de controle industrial. Por exemplo, o famoso computador Apple I, lançado em 1976, era baseado em tecnologia TTL.
- **MOS**: A tecnologia MOS encontrou sua principal aplicação em memórias, como a DRAM, devido à sua capacidade de integrar um grande número de transistores em um único chip. Com o surgimento da variante CMOS, que combinava transistores nMOS e pMOS, a tecnologia MOS se tornou dominante em microprocessadores e sistemas em chip (SoCs), pois oferecia alta performance com baixo consumo de energia.

19.5.3 Transição para Tecnologias Mais Recentes

- A transição de TTL e nMOS para CMOS foi em grande parte impulsionada pela necessidade de maior eficiência energética e capacidade de integrar mais funções em um único chip. O CMOS, com seu baixo consumo de energia, especialmente em estados inativos, e sua alta densidade, tornou-se a tecnologia dominante para microprocessadores e SoCs.

- A TTL ainda tem aplicações em nichos específicos, especialmente onde a robustez é crítica, mas a CMOS domina o cenário de semicondutores atual, com avanços contínuos permitindo que bilhões de transistores sejam integrados em um único chip.
- Com a contínua miniaturização dos transistores e os desafios associados, a indústria está agora explorando novas arquiteturas e materiais, como transistores de nanotubos de carbono e lógica quântica, para impulsionar a próxima revolução em computação.

19.6 CONCLUSÃO

TTL e MOS são pilares fundamentais na história da eletrônica digital. Compreender suas características, forças e limitações é crucial para qualquer profissional ou entusiasta da eletrônica. Embora as tecnologias mais recentes possam ter superado algumas de suas aplicações, a influência e a importância de TTL e MOS permanecem inegáveis.

CAPÍTULO 20:
APLICAÇÕES PRÁTICAS E ESTUDOS DE CASO DE CIRCUITOS DIGITAIS

20.1 INTRODUÇÃO

Os circuitos digitais permeiam praticamente todos os aspectos da vida moderna, desde dispositivos cotidianos até sistemas críticos de infraestrutura. Este capítulo apresenta aplicações práticas de circuitos digitais em diversos contextos e explora estudos de caso que ilustram a concepção, implementação e impacto desses sistemas no mundo real.

20.2 APLICAÇÕES COTIDIANAS

A era digital transformou a maneira como vivemos, trabalhamos e nos divertimos. Os circuitos digitais, que estão no cerne dessa transformação, têm encontrado aplicações em quase todos os aspectos de nossa vida cotidiana. Aqui, exploramos algumas dessas aplicações:

20.2.1 Telefones Celulares

- **Comunicação**: No coração de cada *smartphone*, há um SoC (*System on Chip*) que combina múltiplos circuitos digitais em uma única peça de silício. Estes chips facilitam a comunicação celular, processando sinais para chamadas, mensagens e navegação na *web*.

- **Processamento e Armazenamento**: Circuitos digitais avançados permitem que *smartphones* executem aplicativos complexos, desde jogos 3D até softwares de edição de fotos e vídeos. Além disso, a memória flash em telefones é um exemplo direto de circuitos digitais em ação, permitindo o armazenamento de grandes volumes de dados.

Exemplo: O iPhone da Apple, por exemplo, utiliza seu próprio conjunto de chips, o "A-series", que contém bilhões de transistores e integra CPU, GPU e outros componentes essenciais em um único chip.

20.2.2 Eletrodomésticos Inteligentes

- **Funcionalidades Aprimoradas**: Eletrodomésticos modernos, como geladeiras inteligentes, vêm com telas sensíveis ao toque, conexão Wi-Fi e a capacidade de interagir com outros dispositivos. Por exemplo, uma geladeira pode notificar o usuário quando os mantimentos estão acabando ou quando um item está próximo da data de validade.
- **Automação e Eficiência**: Fornos modernos podem ser pré-aquecidos remotamente através de um aplicativo, enquanto máquinas de lavar roupas podem adaptar os ciclos de lavagem com base na quantidade e no tipo de roupa.

Exemplo: A geladeira "Family Hub" da Samsung, que vem com uma tela grande, permite que os usuários vejam o interior sem abrir a porta, reproduzam música, e até mesmo façam compras *online*.

20.2.3 Sistemas de Entretenimento

- **Videogames**: Consoles modernos, como o PlayStation 5 e o Xbox Series X, utilizam circuitos digitais avançados para renderizar gráficos em 4K, simular física realista e proporcionar experiências de jogo imersivas.
- **Televisões**: As TVs modernas não são apenas sobre exibição; elas também são centros de entretenimento que suportam *streaming*, navegação na *web* e jogos. Circuitos digitais em TVs inteligentes permitem funções como reconhecimento de voz, controle de gestos e personalização de conteúdo.
- **Sistemas de Áudio**: Sistemas de *home theater* e *soundbars* modernos utilizam circuitos digitais para processar som *surround*, otimizar a qualidade de áudio e até mesmo calibrar o som com base na acústica da sala.

Exemplo: A série de TVs OLED da LG, por exemplo, possui um processador α9 que usa inteligência artificial para otimizar a qualidade da imagem e do som com base no conteúdo que está sendo exibido.

Em resumo, os circuitos digitais estão intrinsecamente ligados à nossa vida cotidiana, melhorando continuamente a maneira como nos comunicamos, trabalhamos e nos divertimos. À medida que a tecnologia avança, podemos esperar ainda mais integrações e inovações em nosso dia a dia.

20.3 APLICAÇÕES INDUSTRIAIS E COMERCIAIS

O impacto dos circuitos digitais não se limita apenas ao consumo pessoal; eles também moldaram o cenário industrial e comercial, trazendo eficiência, segurança e inovação. Abaixo, exploramos algumas dessas aplicações:

20.3.1 Automação Industrial

- **Robótica**: Os robôs industriais modernos são controlados por circuitos digitais avançados que lhes permitem realizar tarefas complexas, desde a montagem de componentes eletrônicos minúsculos até a soldagem e pintura de carros. Estes circuitos não apenas dirigem os movimentos dos robôs, mas também processam informações de sensores, permitindo que os robôs respondam em tempo real a variações no ambiente (NOF, Shimon Y. *"Handbook of Industrial Robotics."* John Wiley & Sons, 1999, p. 123).

- **Controle de Processos**: Circuitos digitais monitoram e controlam máquinas em fábricas, ajustando-as conforme necessário para maximizar a eficiência e garantir a qualidade do produto.

- **Monitoramento de Fábricas**: Sistemas SCADA (*Supervisory Control and Data Acquisition*) utilizam circuitos digitais para coletar dados de toda a fábrica e fornecer uma visão unificada da operação para os operadores (CLARKE, G.; REYNDERS, D.; WRIGHT, E. *"Practical modern SCADA protocols*: DNP3, 60870.5 *and related systems."* NEWNES, 2004, p. 156).

20.3.2 Sistemas de Segurança

- **Câmeras de Segurança**: Muitas câmeras modernas usam circuitos digitais para processar imagens, detectar movimento, e até mesmo reconhecer faces (ZHANG, D.; LU, G. "*Review of shape representation and description techniques.*" Pattern recognition 37.1, 2004, p. 5).

- **Sistemas de Alarme**: Circuitos digitais em sistemas de alarme monitoram vários sensores e ativam um alarme quando uma ameaça é detectada.
- **Controle de Acesso**: De cartões de acesso RFID a sistemas de reconhecimento facial, circuitos digitais são cruciais para garantir que apenas pessoas autorizadas tenham acesso a áreas restritas.

20.3.3 Comunicações e Redes

- **Infraestrutura de Comunicação**: Os roteadores, que são o coração das redes modernas, utilizam circuitos digitais para encaminhar dados entre dispositivos e através da internet (TANENBAUM, Andrew S. "*Computer networks.*" Prentice Hall Professional Technical Reference, 2003, p. 78).
- **Satélites**: Circuitos digitais em satélites permitem comunicações de longa distância, transmissões de televisão, e até mesmo navegação por GPS.

20.4 ESTUDOS DE CASO

Nesta seção, analisamos mais de perto três aplicações cotidianas dos circuitos digitais para entender melhor seu funcionamento, design e impacto em nossas vidas.

20.4.1 Relógio Digital

Os relógios digitais, que muitos de nós usamos diariamente, são uma maravilha da eletrônica. A base para um relógio digital é um oscilador de quartzo, que produz um sinal de frequência constante. Circuitos digitais processam esse sinal para produzir uma contagem precisa de segundos, minutos e horas.

- **Design**: O núcleo do relógio é um cristal de quartzo cuidadosamente cortado que, quando energizado, oscila a uma frequência constante. Circuitos associados contam essas oscilações e as convertem em unidades de tempo reconhecíveis.

- **Funcionalidade**: Além da exibição básica de tempo, muitos relógios digitais modernos incluem funções adicionais, como alarmes, calendários, termômetros e até conectividade Bluetooth. Todos esses recursos são controlados por circuitos digitais integrados que interpretam e respondem às entradas do usuário.

20.4.2 Sistema de Navegação GPS

O Sistema de Posicionamento Global (GPS) é uma maravilha tecnológica que permite a localização global precisa. Ele depende de uma constelação de satélites e receptores terrestres.

- **Hardware**: Cada receptor GPS contém um circuito digital que processa sinais de múltiplos satélites para determinar a posição exata do receptor na Terra.

- **Software**: Algoritmos sofisticados processam os dados dos satélites para calcular a localização do usuário. Isso é feito medindo o tempo que leva para os sinais viajarem entre o satélite e o receptor.

20.4.3 Assistente Virtual Doméstico

Dispositivos como Amazon Echo e Google Home revolucionaram a forma como interagimos com a tecnologia em nossas casas.

- **Tecnologia**: No coração desses dispositivos estão circuitos digitais avançados que processam a entrada do usuário (geralmente voz), conectam-se à internet para buscar informações e, em seguida, fornecem uma saída (geralmente uma resposta falada).
- **Funcionalidades**: Além das tarefas básicas, como responder perguntas e tocar música, esses assistentes virtuais podem controlar dispositivos domésticos inteligentes, fazer chamadas, enviar mensagens e até fazer compras *online*.
- **Desafios e inovações**: O desafio constante é melhorar o reconhecimento de voz e a capacidade de compreensão contextual. Com o avanço da Inteligência Artificial, espera-se que esses dispositivos se tornem cada vez mais inteligentes e personalizados para as necessidades do usuário.

Estes estudos de caso ilustram a incrível versatilidade e potencial dos circuitos digitais em aplicações variadas. Eles têm o poder de transformar ideias em inovações práticas que melhoram nossa vida cotidiana.

20.5 DESAFIOS E CONSIDERAÇÕES ÉTICAS

A disseminação e integração de circuitos digitais em quase todos os aspectos de nossas vidas trouxeram inúmeros benefícios, desde conveniência até avanços revolucionários em várias áreas. No entanto, junto com esses avanços, surgem desafios e questões éticas que devem ser abordadas para garantir um futuro seguro, sustentável e inclusivo.

20.5.1 Segurança e Privacidade

À medida que mais dispositivos coletam, processam e armazenam informações, as preocupações com a privacidade e a segurança dos dados tornam-se cada vez mais proeminentes. *Smartphones*, *smartwatches*, assistentes virtuais e até mesmo eletrodomésticos inteligentes coletam uma quantidade surpreendente de informações sobre seus usuários.

- **Desafios**: Ameaças como *hacking*, vazamentos de dados e uso indevido de informações pessoais são riscos reais e presentes. O design seguro de dispositivos e a criptografia robusta são essenciais para proteger a privacidade dos usuários.
- **Considerações Éticas**: Empresas e desenvolvedores têm a responsabilidade ética de garantir que os dados dos usuários sejam coletados, armazenados e usados de maneira transparente e com o devido consentimento.

20.5.2 Sustentabilidade

A rápida evolução da tecnologia muitas vezes leva ao descarte precoce de dispositivos eletrônicos, contribuindo para o crescente problema do lixo eletrônico.

- **Desafios**: A fabricação de dispositivos eletrônicos consome recursos valiosos e pode produzir resíduos tóxicos. O descarte inadequado de eletrônicos contribui para a poluição ambiental e a contaminação.

- **Considerações Éticas**: Empresas devem adotar práticas de design sustentável, incentivando a reutilização, reciclagem e redução do desperdício. Os consumidores também têm um papel ao fazer escolhas de compra informadas e descartar eletrônicos de forma responsável.

20.5.3 Acessibilidade

A tecnologia tem o potencial de ser um grande equalizador, mas apenas se for acessível a todos.

- **Desafios**: Muitos dispositivos e tecnologias ainda não são projetados levando em consideração pessoas com deficiências. Além disso, o custo de algumas tecnologias pode ser proibitivo para certas populações.
- **Considerações Éticas**: O design inclusivo e a acessibilidade devem ser prioridades para desenvolvedores e fabricantes. Isso inclui criar dispositivos que sejam usáveis por pessoas com uma variedade de habilidades e garantir que a tecnologia seja economicamente acessível.

Em conclusão, os avanços trazidos pelos circuitos digitais são inegáveis, mas é fundamental que avancemos de maneira ética e consciente, garantindo um futuro tecnológico que beneficie a todos e proteja nosso mundo.

A engenharia de circuitos digitais tem um impacto profundo e abrangente na sociedade moderna. Ao estudar suas aplicações práticas e casos de uso, podemos não apenas apreciar sua importância técnica, mas também entender suas implicações sociais, econômicas e éticas.

20.6 CONCLUSÃO

Ao longo da jornada por este livro, exploramos o vasto e fascinante mundo dos Circuitos Digitais, desde seus princípios mais básicos até as tecnologias mais avançadas e emergentes. Adentramos nas fundações da aritmética digital, entendendo os sistemas numéricos que formam a base de toda a computação moderna. A história da lógica e da álgebra booleana nos permitiu compreender as raízes e os avanços dessa ciência, e a introdução a portas lógicas e circuitos combinacionais nos mostrou o poder e a versatilidade da eletrônica digital.

Por meio de capítulos dedicados, desvendamos as complexidades dos contadores, registradores, dispositivos de memória e conversores. Descobrimos a arquitetura por trás dos computadores e microprocessadores que usamos diariamente e mergulhamos profundamente nas linguagens de descrição de hardware, que permitem a criação de sistemas digitais personalizados.

A exploração dos tópicos avançados, como lógica Fuzzy e Quântica, ASICs e FPGAs, revelou as inovações em curso e as possibilidades futuras no campo dos circuitos digitais. Abordamos também as tecnologias TTL e MOS, fundamentais para o desenvolvimento da eletrônica moderna.

Finalmente, ao discutir aplicações práticas e estudos de caso, vimos como os circuitos digitais influenciam nossa vida cotidiana e moldam o futuro da tecnologia.

Este livro foi uma viagem desde os conceitos fundamentais até as fronteiras do conhecimento em circuitos digitais. A tecnologia continua a evoluir a um ritmo acelerado, e a importância de compreender os princípios e aplicações dos circuitos digitais só crescerá. Esperamos que, com este livro, você tenha adquirido uma base sólida e uma apreciação profunda pelo incrível mundo dos circuitos digitais. Que esta jornada inspire inovações, descobertas e, acima de tudo, uma paixão contínua pelo aprendizado e pela exploração do universo digital.

BIBLIOGRAFIA

ABRAMOVICI, M.; BREUER, M. A.; FRIEDMAN, A. D. *Digital Systems Testing & Testable Design*. Ieee Press, 1990.

AQUINO, Tomás De. *Summa Theologica*. Universidade De Paris, 1274.

BENNETT, C. H.; BRASSARD, G. Quantum Cryptography: Public Key Distribution And Coin Tossing. *Proceedings Of Ieee International Conference On Computers, Systems And Signal Processing*, 1984.

BHASKER, J. *A Vhdl Primer*. Prentice Hall, 2008.

BOHR, N. *Atomic Physics And Human Knowledge*. Science Editions, 1935.

BOOLE, George. *An Investigation Of The Laws Of Thought*. Walton And Maberly, 1854.

BROWN, Stephen; VRANESIC, Zvonko. *Fundamentos De Lógica Digital E Design De Computadores*. 3ª Ed. LTC, Rio De Janeiro, 2008.

CILETTI, M. *Modeling, Synthesis, And Rapid Prototyping With The Verilog Hdl*. Crc Press, 2011.

CLARKE, G.; REYNDERS, D.; WRIGHT, E. *Practical Modern Scada Protocols: Dnp3, 60870.5 And Related Systems*. Newnes, 2004.

COSTA, J. R. *Visão Computacional Com Fpgas*. Edusp, São Paulo, 2017.

FETZER, J. *Quantum Foundations And Open Quantum Systems*. World Scientific, 2019.

FEYNMAN, R. P. *The Character Of Physical Law*. Mit Press, 1965.

FLOYD, T. L. *Digital Fundamentals*. Prentice Hall, 2009.

GOLDBERG, Adele. *A History Of Personal Workstations*. Acm Press, Nova York, 1981.

HARRIS, D. M.; HARRIS, S. L. *Digital Design And Computer Architecture*. Morgan Kaufmann, 2015.

HEISENBERG, W. Über Den Anschaulichen Inhalt Der Quantentheoretischen Kinematik Und Mechanik. *Zeitschrift Für Physik*, 1927.

HILDEBRAND, Dietrich Von. *The Heart: An Analysis Of Human And Divine Affectivity*. St. Augustine's Press, South Bend, 2009.

HOROWITZ, P.; Hill, W. *The Art Of Electronics*. Cambridge University Press, 2015.

JOHNSON, David E. *Análise E Design De Circuitos Eletrônicos Analógicos*. 4ª Ed. Pearson, São Paulo, 1998.

KATZ, R. H.; BORRIELLO, G. *Contemporary Logic Design*. Addison-Wesley, 2004.

KLIR, G. J.; YUAN, B. *Fuzzy Sets And Fuzzy Logic: Theory And Applications.* Prentice Hall, New Jersey, 1997.

KOSKO, B. *Neural Networks And Fuzzy Systems: A Dynamical Systems Approach To Machine Intelligence.* Prentice Hall, New Jersey, 1992.

KOSKO, B. *Fuzzy Thinking: The New Science Of Fuzzy Logic.* Hyperion, New York, 1994.

LANCASTER, D. *Ttl Cookbook.* Howard W. Sams & Co, 1974.

LEE, C. *Cryptocurrency Mining: From Gpus To Asics.* Digital Frontier, 2020.

MAMDANI, E. H. Application Of Fuzzy Algorithms For Control Of Simple Dynamic Plant. *Proceedings Of The Institution Of Electrical Engineers,* V. 121, N. 12, P. 1585-1588, 1974.

MANO, M. M.; CILETTI, M. D. *Digital Design: With An Introduction To The Verilog Hdl.* Prentice Hall, 2007.

MARTINEZ, L. *Future Of Integrated Circuits: A Look Ahead.* Silicon Innovations, 2021.

MCLAUGHLIN, S. P.; Ghaffarian, R. *Principles Of Digital Communication.* Cambridge University Press, 2009.

MOORE, Gordon E. "Cramming More Components Onto Integrated Circuits." *Electronics,* Vol. 38, No. 8, 1965.

MORAES, F. G. *Introdução Aos Sistemas Embarcados.* Edufscar, São Paulo, 2016.

NIELSEN, M. A.; CHUANG, I. L. *Quantum Computation And Quantum Information.* Cambridge University Press, 2000.

NOF, Shimon Y. *Handbook Of Industrial Robotics.* John Wiley & Sons, 1999.

OCKHAM, Guilherme De. *Summa Logicae.* Universidade De Oxford, 1323.

PATTERSON, D. A.; HENNESSY, J. L. *Computer Organization And Design: The Hardware/Software Interface.* 5ª Ed. Morgan Kaufmann, 2013.

PRESKILL, J. Reliable Quantum Computers. *Proceedings Of The Royal Society Of London. Series A: Mathematical, Physical And Engineering Sciences,* 1998.

ROCHA, L. P. *Iot E Fpgas: Uma Combinação Poderosa.* Ed. PUC Minas, Belo Horizonte, 2020.

ROSS, T. J. *Fuzzy Logic With Engineering Applications.* 2. Ed. Wiley, New York, 2004.

RUSSELL, Bertrand. *The Principles Of Mathematics.* Cambridge University Press, Cambridge, 1903.

SHANNON, Claude E. "A Symbolic Analysis Of Relay And Switching Circuits." *Transactions Of The American Institute Of Electrical Engineers*, Vol. 57, Pp. 713-723, 1937.

SHOR, P. W. Polynomial-Time Algorithms For Prime Factorization And Discrete Logarithms On A Quantum Computer. *Siam Journal On Computing*, 1999.

SILVA, A. B. *Comunicações Modernas Com Fpgas*. Techbooks, Rio De Janeiro, 2018.

SMITH, A.; JONES, B. *Mobile Computing: The Power Of Asics*. Tech Press, 2018.

SMITH, J. E Nair, R. (2005). *The Architecture Of Computer Hardware And System Software*. John Wiley & Sons.

SMITH, Michael John Sebastian. *Application-Specific Integrated Circuits*. Addison-Wesley, São Paulo, 2001.

STALLINGS, W. *Computer Organization And Architecture: Designing For Performance*. 9ª Ed. Prentice Hall, 2010.

TANENBAUM, Andrew S. *Structured Computer Organization*. 6th Ed. Prentice Hall, 2015.

TANENBAUM, Andrew S. *Estruturas De Computadores*. 5ª Ed. Elsevier, Rio De Janeiro, 2009.

TURNER, Ronald. *Princípios De Eletrônica Digital*. 4ª Ed. Mcgraw-Hill, São Paulo, 2010.

VON NEUMANN, J. *Mathematical Foundations Of Quantum Mechanics*. Princeton University Press, 1955.

WAKERLY, J. F. *Digital Design: Principles And Practices*. Prentice Hall, 2005.

WALUŚ, K.; Schulhof, G.; Jullien, G.; Zhang, R.; Wang, W. *Circuit Design Based On Majority Gates For Applications With Quantum-Dot Cellular Automata*.

WANG, L. X. *A Course In Fuzzy Systems And Control*. Prentice Hall, New Jersey, 2012.

WILLIAMS, John. *Fpgas: Fundamentos E Aplicações*. Elsevier, Rio De Janeiro, 2015.

ZADEH, L. A. *Fuzzy Logic And Approximate Reasoning. Synthese*, V. 30, N. 3-4, P. 407-428, 1973.

ZADEH, L. A. Outline Of A New Approach To The Analysis Of Complex Systems And Decision Processes. *Ieee Transactions On Systems, Man, And Cybernetics*, V. 1, N. 1, P. 28-44, 1973.